南方黑木耳生态高效栽培技术

何建芬　叶晓菊　盛立柱　主编

中国农业出版社
北　京

《南方黑木耳生态高效栽培技术》

编写人员

主　　编　何建芬　叶晓菊　盛立柱

副 主 编　文冬华　林火松　李玲珑

编写人员（以姓氏笔画排列）

王传凯　毛　雪　孔祥辉　叶松梅　兰雪菲

许卫平　孙孔兰　杨少明　杨振华　吴子敬

应国华　张　晨　张　璐　张晓华　陆中华

陈　青　陈香利　周丽娟　赵　明　钟予铭

符金泉　谢良明　谢富忠　蔡　欣　蔡为明

蔡世荣　廖加贵

序

承蒙主编何建芬女士邀请为本书作序，深感荣幸，亦诚惶诚恐。黑木耳生态高效栽培技术是既有理论研究支撑又与实际生产紧密结合的系统技术，并在实际生产中不断创新和发展。我虽从事黑木耳育种和栽培技术研究多年，从国家食用菌产业技术体系黑木耳栽培岗位一路走过来，对全国黑木耳栽培情况也算略有了解，但当翻阅这本精心编写力作时，也深深地为其严谨的构思和翔实的数据所吸引，要想准确评价这一部系统而有深度的《南方黑木耳生态高效栽培技术》的水平，仍感到有些力不从心，深恐言不尽意。

浙江省龙泉市是世界香菇栽培的发源地，具有悠久的人工栽培食用菌历史。自20世纪70年代起发展黑木耳段木栽培、90年代开始代料栽培，逐步建立完善了适宜南方地区气候的耳稻轮作栽培模式。这一创新模式一方面很好地结合了南方地区的气候特点和农耕制度，提高了土地利用效率和农民经济效益；另一方面则是全面地借鉴、利用了香菇栽培的成熟经验及生产设施，加速了技术成熟和规模化应用的脚步。因此，这一模式在南方地区广泛应用，为农林增收致富作出了重要贡献。更令人欣喜的是，近年来通过引进北方短包栽培模式的优势品种、高效栽培技术和菌包集中生产配套设施，将良种良法与气候特色、农耕制度完美结合，应用于实际生产后取得了令人瞩目的成绩。

本书编著者既有黑木耳产业科研攻关经历、扎实的理论基础，又有产业一线的实践经验、十分接地气的培训技巧。在总结借鉴全国各地生产经验教训的基础上，编者团队结合多年生产实践编著成《南方黑木耳生态高效栽培技术》一书，对集成凝练南方黑木耳耳稻轮作高效栽培技术、传播黑木耳栽培新理念和进一步提高南方黑木耳生产技术整体水平具有重要作用，同时也为黑木耳栽培技术发展奠定新基础，有助于推动全国多种黑木耳生产模式创新发展。

本书对黑木耳栽培生产基础原理论述深浅适度，对技术操作阐述全面详尽，开卷给读者以“读过即是看到”的感觉，能发挥很好的指导作用。本书做到了理论实践相结合，将黑木耳栽培特性等理论与操作方法有机地结合，让读者能领会生产操作的目的，并根据实际生产条件进行适当调整，避免了盲目的照抄照搬。

总之，本书做到了基础理论与生产实践的紧密结合，对指导南方地区的黑木耳栽培生产具有重要意义，而其中部分栽培管理理念和实际操作技巧也可以供其他地区黑木耳科研人员、黑木耳栽培技术管理人员学习、参考和借鉴。

以上仅为一孔之见，有不当之处，望读者批评指正。最后，真诚地期待本书的编著团队继续深入钻研，在黑木耳栽培技术方面再出新作，不断回馈广大读者的企盼和生产需求。

国家食用菌产业技术体系岗位科学家

（黑木耳栽培岗位）

前　言

浙江省龙泉市是世界香菇栽培发源地，同时又被誉为“中国黑木耳之乡”。龙泉市于20世纪70年代发展段木黑木耳菌种，菌种生产供应量占全国的30%，借鉴代料香菇栽培模式，90年代开始代料黑木耳栽培，创建了南方黑木耳生态高效栽培模式，并在我国长江以南地区迅速推广，至今我国黑木耳栽培已基本形成了长江以北以黑龙江省东宁县为代表，长江以南以浙江省龙泉市为代表的两大技术模式，发展黑木耳产业一度成为全国精准扶贫的攻坚产业。2020年4月20日，习近平总书记前往陕西省商洛市柞水县小岭镇金米村了解脱贫攻坚工作情况，称赞柞水木耳是“小木耳，大产业”。在柞水县下梁镇西川村就有龙泉培养的“龙泉菌师”带领当地农民发展黑木耳致富的典范。

全国脱贫攻坚楷模李玉院士说：“食用菌脱贫攻坚后，还要平滑地过渡到乡村振兴，而乡村振兴需要产业，食用菌产业就非常合适。”可见黑木耳产业不但在农村脱贫攻坚中发挥重要作用，更能在乡村振兴中发挥越来越大的作用。但黑木耳产业在发展过程中，已受到农村生产队伍老龄化、耕地“非粮化”、阔叶林资源短缺、异常气候等四大因素制约。种植者对黑木耳生态高效栽培的呼声越来越高，例如规模不等的料棒加工厂和养菌中心的应运而生，解决了黑木耳生产前期问题，提高了标准化生产水平，降低了劳动强度，但木耳排场后仍旧以手工劳动为主，面临排放不及时、采摘工短缺、烘干难等问题。因此，因地制宜地创建一套适合南方产区推广的黑木耳生态高效生产技术，已成当务之急。

编者团队借鉴全国各地黑木耳生产的经验，吸取本地栽培及技术辐射各省市失败的教训，进行不断总结，编著成《南方黑木耳生态高效栽培技术》，旨在推动南方黑木耳生产朝着规范化、标准化、机械化方向发展，改善生产条件，降低劳动强度，提高黑木耳生产效益，促使农民增收，促进共同富裕示范区建设。

本书共八章，重点论述了南方黑木耳生态高效栽培技术的特点和发展历程、黑木耳生物学特性、南方固体菌种长棒和液体菌种短包生产模式、病虫草害综合防治技术、黑木耳精深加工和菜肴等内容。

编者团队主要成员为龙泉市食药用菌服务站的技术人员，主编和副主编主持实施了涵盖黑木耳固、液体菌种，菌包生产，精准化管理技术，黑木耳机械的研发及推广等方面的项目，并长期坚持在黑木耳生产第一线，全程参与黑木耳生态高效栽培模式的试验、示范、推广、技术指导和培训等工作，能理论联系实际。本书可供科研院校研究人员、广大食用菌科技工作者和管理人员参考。

由于作者水平有限，可能出现谬误，敬请广大读者批评指正。在编写过程中，借鉴参考许多有重要价值的文献和资料，没有一一列出，深表歉意；此书编写得到了我国菌物界老前辈和同行的支持和帮助，借本书出版之际谨向他们表示衷心的感谢。

编　者

2023年5月

目　录

序

前言

第一章　概述 …… 1

第一节　黑木耳营养功能 …… 1

一、黑木耳的营养成分分析 …… 1

二、黑木耳的功能特性 …… 2

三、黑木耳应用前景 …… 3

第二节　南方黑木耳生态高效栽培模式 …… 4

一、南方黑木耳生态高效栽培模式的特点 …… 4

二、南方黑木耳生态高效栽培模式的起源及发展历程 …… 5

第二章　黑木耳的生物学特性 …… 10

一、形态结构 …… 10

二、黑木耳的生长条件 …… 11

第三章　黑木耳主要品种 …… 15

一、916 …… 15

二、黑山15号 …… 16

三、丽耳3号 …… 17

四、林黑1号 …… 17
五、黑耳2号（黑29） …… 18
六、黑威15号 …… 19
七、黑威伴金 …… 20
八、黑威单片 …… 21
九、牡耳1号 …… 21
十、牡耳2号 …… 22
十一、东黑1号 …… 23
十二、东黑2号 …… 23
十三、林科6号 …… 24
十四、兴安2号 …… 25
十五、黑木耳特产1号（黑木耳特产2号） …… 25
十六、伊耳1号 …… 25
十七、雪梅1号 …… 26
十八、黑尊3号 …… 27
十九、黑尊4号 …… 27
二十、黑尊5号 …… 28
二十一、绥学院1号 …… 28
二十二、农经木耳1号（农苑06） …… 29
二十三、宏大2号（新世纪1号） …… 29
二十四、康达1号 …… 30
二十五、德金1号（东A9809） …… 30
二十六、西藏6号 …… 31
二十七、黑山 …… 31
二十八、黑元帅 …… 31
二十九、东林青瓦 …… 32
三十、海丰1号 …… 33

第四章 黑木耳菌种生产 …… 34

第一节 固体菌种生产 …… 34

一、菌种场布局与设施 …… 34

二、母种（一级种）生产 …… 34

三、原种（二级种）生产 …… 43

四、栽培种（三级种）生产 …… 53

五、菌种质量标准和检测技术 …… 53

第二节 液体菌种生产 …… 56

一、环境条件要求 …… 56

二、基础设施 …… 56

三、工艺流程 …… 57

四、试管菌种制备 …… 57

五、培养皿菌种制备 …… 57

六、摇瓶液体菌种制备 …… 59

七、发酵罐液体菌种制备 …… 60

八、液体菌种检测技术 …… 63

第五章 南方黑木耳生态高效生产模式 …… 66

第一节 生产季节安排和原料准备 …… 66

一、生产季节安排 …… 66

二、原辅料准备 …… 66

第二节 南方黑木耳生态高效生产技术 …… 69

一、黑木耳固体长棒生态高效生产技术 …… 69

二、黑木耳液体短包生态高效生产技术 …… 98

第三节 黑木耳采摘与干制 …… 110

一、黑木耳采摘 …… 110

二、黑木耳干制技术 …… 113
第四节　黑木耳废弃菌棒综合利用 …… 117
一、生产有机肥模式 …… 118
二、生产其他食用菌模式 …… 118
三、还田还山模式 …… 118
四、生产生物质颗粒燃料和机制炭模式 …… 118
五、生物质发电模式 …… 118
六、生产生态砖模式 …… 118
第六章　病虫草害防治 …… 119
第一节　黑木耳病虫草害防治方法 …… 119
一、农业防治 …… 119
二、物理防治 …… 120
三、生物防治 …… 121
四、化学防治 …… 121
第二节　黑木耳常见病害防治 …… 122
一、黑木耳非侵染性病害 …… 122
二、黑木耳常见侵染性病害 …… 125
第三节　黑木耳虫害防治 …… 132
一、黑木耳害虫主要来源 …… 133
二、虫害的防治措施 …… 133
第四节　黑木耳草害防治 …… 135
一、“黑白膜+稻草”防治杂草法 …… 136
二、“薄膜+稻草”防治杂草法 …… 137
三、芒秆覆盖防治杂草法 …… 137
四、编织袋覆盖防治杂草法 …… 137
五、养护毯覆盖防治杂草法 …… 138

第七章 黑木耳贮存及加工 …… 139
第一节 黑木耳贮存 …… 139
一、杜绝虫源 …… 139
二、防止受潮 …… 139
三、及时杀虫 …… 140
第二节 黑木耳精深加工 …… 140
一、黑木耳产品开发现状 …… 140
二、未来黑木耳产品开发趋势 …… 143
三、黑木耳精深加工产品 …… 143

第八章 黑木耳菜肴 …… 155
一、黑木耳冷盘 …… 155
二、黑木耳汤（汁）羹及其他食品制作 …… 161
三、黑木耳炒菜 …… 165
四、黑木耳汤（煲） …… 172

参考文献 …… 176

第一章 概 述

木耳［*Auricularia auricula-judae*（Bull.）Quél.］，又名黑木耳、光木耳，隶属于担子菌门，伞菌纲，木耳目，木耳科，木耳属。我国黑木耳主产地主要分布在黑龙江、吉林等东北省份的林区，河南、江西、湖北等华中省份的丘陵地带，以及山东、福建、浙江、安徽等华东省份传统产区。陕西、云南、贵州、四川、广西等西部省份近几年发展总体呈上升趋势。黑木耳质地滑嫩，营养丰富，含有多种人体必需氨基酸、矿物质和膳食纤维等，并可分离出多种生物活性物质，如多糖、黑色素、多酚、黄酮、凝集素等。随着现代药理学研究的不断深入，黑木耳被证实具有免疫调节、降血脂血糖、抗凝血、抗氧化等作用，在食品、药品等领域具有广阔的开发前景。

第一节 黑木耳营养功能

一、黑木耳的营养成分分析

虽然不同生长地区与不同培养基质栽培的黑木耳的营养成分存在差别，但总体来说，黑木耳营养成分丰富，食用价值高。其主要营养特性为高蛋白，极低脂肪，无胆固醇和淀粉，富含膳食纤维、矿物质和维生素等成分，可在人体免疫系统、循环系统、消化系统和呼吸系统中发挥重要作用。

二、黑木耳的功能特性

1.对免疫系统的作用——增强免疫、抗炎与抗肿瘤特性 黑木耳多糖和凝集素均可发挥免疫调节和抗炎作用。黑木耳具有的免疫调节功能是其发挥抗肿瘤作用的机制之一，黑木耳还有阻断拓扑异构酶介导的DNA损伤修复途径、激活线粒体凋亡通路等抗肿瘤机制。

2.对循环系统和消化系统的作用——抗凝血、抗氧化、降血脂 黑木耳中的多糖、尿苷等物质所具有的抗凝血活性已被证实。黑木耳多糖在预防动脉粥样硬化和抗氧化上起重要作用。黑木耳多肽可发挥降血脂和抗氧化作用。同时，黑木耳多肽可有效减少脂质氧化终产物丙二醛（MDA）的累积，提高胞内超氧化物歧化酶（SOD）的活力，因而具有抗氧化活性。

3.对呼吸系统的作用——止咳化痰 刘军等（2015）研究发现，黑木耳多糖可使氨水致咳小鼠的咳嗽次数降低。孔祥辉等（2021）测定酚红排泌量以评价黑木耳提取物和余渣的止咳化痰作用，结果显示：黑木耳提取物止咳作用略强于经水提法处理黑木耳后所得的余渣的止咳作用；而在化痰方面，余渣的高剂量组可显著增加小鼠酚红排泌量，意味着其气管分泌液增多，余渣的化痰效果略好于提取物。由此表明，黑木耳具有中药药理上所讲的“清肺化痰”之功效。

4.性味归经特性 中医的性，指寒、热、温、凉四种，药味，指辛、甘、酸、苦、咸五味。归经把药物的作用与脏腑经脉密切联系起来，以说明药物作用对机体某部分的选择性，从而为临床辨证用药提供依据。中医药方面对性味归经和引经理论的应用由来已久，在临床治疗中应用广泛。运用中药性味归经理论对部分食药用菌进行研究，通过明确其性味归经，结合个体差异，指导其更合理、更有效的应用，给予个体化食补或治疗，可能使部分人群的疗效得到提高。研究表明，中药大部分功效是性味与归经交互存在、共同作用的结果。黑木耳性味：味甘，性平。归经：归肺、脾、大肠、肝经。在古籍中有如下记载："利五脏，宜肠胃，治五痔及一切血症"（《本草从新》）；"益气不饥，轻身强志"（《神农本草经》）；"治肠癖下血，又凉血"（《日用本草》）；"治痔疮下血"（《本草纲目》）。产品功能结合性味归经可起到更好的保健或治疗效果，是一个有前景的研发方向。

5.益生元特性　食药用真菌多糖可以促进有益菌的增殖，在改善肠道菌群、维系机体代谢平衡中发挥重要作用，是人体重要的益生元。黑木耳对肠道微生态的影响包括两方面：一方面促进肠道有益菌的增殖、代谢及产生短链脂肪酸等，降低肠道环境pH，抑制致病菌的生长；另一方面改善肠道屏障功能，调节肠道微生态平衡。黑木耳多糖处理组的拟杆菌、芽孢杆菌和乳杆菌丰度显著增加。AAP1可调节免疫抑制小鼠肠道菌群的组成，增强SCFAs的合成。

三、黑木耳应用前景

我国黑木耳产业规模大，原料充足，产业运行逐步规范，原料品质可控性强，产品优势明显，市场潜力大。由于目前社会老龄化加剧，亚健康人群比例超过70%，且随着人们生活水平和经济收入的进一步提高，"有病治病、无病养生""食补防病，病后调理"的健康饮食观念有广泛认同和需求，市场容量和发展潜力巨大。黑木耳因其所具有的营养功能和无副作用的优势，在产业化利用上的价值不容忽视。当前对黑木耳的利用大多仍停留在粗加工阶段。

黑木耳作为一个非刚需产业，走精深加工是大势所趋。在转变农业增长方式和发展特色小镇的政策机遇下，科研单位应与企业一道，不断探索新产品加工关键技术，实现黑木耳提取物标准化和规模化生产，协作定向开发特色高附加值产品和复方配伍产品。在深加工关键技术及活性成分高质量标准的保驾护航下，开展产品加工厂及生产线建设方案设计、设备购置、生产车间等配套工程建设等，带动种植户积极参与，促进农民增收，巩固脱贫攻坚成果，实现多方共赢，切实把“小木耳”做成“大产业”。

第二节　南方黑木耳生态高效栽培模式

我国代料黑木耳栽培基本上可概括为两种生产模式，一种是黑龙江、吉林等地为代表的北方短菌包生产模式，另一种是以浙江龙泉与云和为代表的南方长菌棒生产模式。由于南北气候差异大，两地生产模式在季节、品种、生产方式等方面有很大的差异，产品上市期互相衔接：北方黑木耳制包季节为12月至翌年4月，鲜耳上市期为6—10月；南方黑木耳制棒期为7—9月，鲜耳上市期为11—4月。近几年，随着南北两地学术界及民间交流频繁开展，两种技术互相渗透，优势互补。如北方短菌包生产模式吸收了南方小孔出耳、雾喷技术，划口方式从“一”字形、V形口改为刺小孔出耳后，耳片的形状也就从菊花状改善成单片状，黑木耳质量和价格都有很大的提高。南方引进北方的黑山系列菌株和液体的短菌包生产技术，试验筛选出适合南方栽培的菌株并进行大面积推广，建立了适合高温季节养菌的液体菌种短包养菌中心，规模逐渐扩大。

一、南方黑木耳生态高效栽培模式的特点

南方黑木耳生态高效栽培模式是以水稻—黑木耳水旱轮作（耳稻轮作）模式发展，每年的5月下旬至6月上旬开始移栽秧苗，9月中下旬水稻成熟收割后，于9月下旬至10月中下旬将发好菌的菌棒排放在冬闲田，采收3～4潮耳，翌年的4月下旬出耳结

束，废菌棒无害化处理后，重新整理田地后进行第二年的水稻生产。耳稻轮作模式可以充分利用光、热、水、气条件，不受土地、劳动力资源的限制，提高农田复种指数，生产季节正好与单季稻衔接。耳稻轮作模式发展黑木耳，有利于耳场净化，能够较好地控制耳场的病虫基数，是最好的病虫害生态防治办法，被农业部评为农业技术推广的典型案例。同时，黑木耳采收后部分废弃菌棒可以还田，能较好地改善土壤结构、提高粮食的产量、改善稻米的品质，既可以稳定粮食生产，又可以利用冬闲田创收，是一种耕作制度的创新，编者总结这种模式为“千斤粮、万元钱”模式。黑木耳产业发展之前，南方水稻收割后的冬闲田除少部分种上油菜、马铃薯和其他自给自足的蔬菜外，基本上处于空闲状态，单纯种粮的效益不高，与农民日益提高的物质生活需求差距越来越大，挫伤了农民种粮的积极性。耳稻轮作模式利用水稻收割后的冬闲田发展黑木耳，每亩地纯收益平均可以达到2.5万～3万元，最高可达4万元。农民为了确保黑木耳丰收，前季必须种上水稻轮作减少病虫害，在一定程度上提高了农户的种粮积极性，减轻了政府部门基本农田抛荒的压力。

二、南方黑木耳生态高效栽培模式的起源及发展历程

（一）南方黑木耳生态高效栽培的萌芽阶段（1974—2001年）

浙江省龙泉市、庆元县和景宁县（1984年之前云和县与景宁县合并，统称景宁县）是世界香菇栽培的发源地。地处浙西南山区、浙闽赣三省交界处，是个“九山半水半分田”的典型山区市，山区农民靠山吃山，先祖们的香菇技艺源远流长。1974年龙泉五星村村民开始段木香菇栽培，并在全市推广，1980年段木香菇栽培技术从龙泉向福建、江西等省份辐射。1984年龙泉县安仁镇的农民开始生产段木黑木耳菌种，1986年黑木耳菌种向湖北、湖南、江西等省份辐射。全国段木黑木耳主产区30%的黑木耳菌种来自

于龙泉，位于龙泉市东大门的安仁镇有一条“黑木耳菌种街”，家家户户做段木黑木耳菌种，当时生产菌种的平均收入达10万元/户，人们纷纷投资建成大量的集居住与生产为一体的新房。每年菌种销售旺季，全国各地的客商云集安仁镇，餐饮业、旅馆业、运输业红红火火。1994年丽水地区科委批准立项“代料栽培黑木耳栽培技术研究项目”（批准号19103号），丽水市农林科学研究院（原丽水地区林科所）与云和、龙泉、遂昌县农业局合作开展代料栽培黑木耳示范，同年在云和县沙浦乡（段木木耳菌种生产基地之一）取得成功，技术模式为菌种短包开V形口，3年内在云和推广了100多万袋。在产业发展过程中，有位菇农在香菇菌棒生产中错接了黑木耳菌种，发现菌棒刺孔长出的木耳效果好，开始由短包演变为长棒刺孔出耳模式，“代料黑木耳优质高产品种选育及栽培技术项目”获丽水市科技进步三等奖。20世纪90年代末，大家意识到生产销售黑木耳菌种能致富，纷纷投资兴办菌种场，多的时候仅龙泉、云和两地菌种场就多达400多家，竞争日益激烈。本地的菌种户意识到长距离运输不但成本高，而且对质量有一定的影响，于是在湖北、湖南等地建立了菌种场，实现菌种就地生产、就近供应，实现了技术共享。由于天保工程实施后无法砍伐生产黑木耳的段木，对段木菌种需求量减少，导致1997年、1998年安仁镇黑木耳菌种出现了严重滞销，黑木耳菌种产地价格只有0.5元/包，菌种户就把卖不出去的菌种丢弃在房前屋后，日晒雨淋下密密麻麻的小耳芽长在袋内，菌种户采用刺孔或割袋的方式，让耳芽长出袋外，依靠“干干湿湿”的自然环境条件，木耳长势非常好，卖出的价格达1元/包。由于龙泉是香菇的传统产区，代料香菇菌棒的规格为15厘米×（53～55）厘米，生产设备也与长棒相匹配，于是龙泉市安仁镇农民就制成黑木耳长棒，还自制了手工的刺孔工具，当地农民总结这种技术叫黑木耳仿生栽培技术。2001年种植了55万棒，每棒平均收入达到2.95元，大大超过了香菇的效益，激发了农户的种植热情，纷纷改种黑木耳，第二年种植550万棒，第三年2 200万棒。于是，代料黑木耳产业在南方从无到有，生产规模不断扩大，技术不断完善，初步形成了一套适合南方栽培的生态高效栽培模式。

（二）南方黑木耳生态高效栽培模式成熟阶段（2002—2017年）

由于浙江龙泉、云和一带香菇主产区的农民基本上用管理香菇的技术管理黑木耳，对黑木耳生物学特性缺乏基本了解，也没有成熟的栽培技术可以借鉴，在生产季节安排、品种选择、培养基的配制、刺孔出耳、出耳管理等各环节，完全依靠经验生产，农民不知如何应对异常气候变化，黑木耳菌棒发生了大面积的烂棒，生产事故频发。同时，因为质量、市场等问题，价格也大幅度下降，严重挫伤了农民的积极性，技术人员承受了巨大的压力，去田头调研、找对策、写技术材料，做好技术普及和宣传。2004年云和县年鉴记载长棒刺孔栽培黑木耳模式逐步成型，该模式在云和、龙泉等地得到快速发展，每棒产值最高超过7元，净产值达到5元，2010年获得了浙江省科技进步二等奖。2008—2013年是南方黑木耳生态高效栽培技术趋于成熟，并得到全面推广应用的5年，龙泉黑木耳丰产又丰收，浙闽赣食用菌交易中心年最高交易额达到35亿元，农村的新房拔地而起。2008年3月，由中国食用菌协会、浙江省农业厅、浙江省丽水市人民政府主办，龙泉市委市政府、中国食用菌商务网和食用菌市场编辑部承办，在龙泉召开了全国第八届食用菌新产品、新技术展示展销会暨中国食用菌产业发展（龙泉）论坛，国际著名蕈菌学家张树庭教授在参观了龙泉市耳稻轮作现场后，给予了“这是龙泉人民伟大的发明创造”的称赞，参会人员达500余人，龙泉市作为山区市第一次向国内外全面展示了近20年来食用菌产业发展的显著成果。2014年，国家推进精准扶贫政策，一批有技术、有资金、有想法、有胆识的龙泉菌师、云和师傅奔赴贵州、云南、广西、陕西、湖南、甘肃、福建、江西、上海、湖北、河南等地发展黑木耳生产。他们带着菌种、带着技术、带着龙泉本地企业研发的全自动装袋机等设备奔赴全国各地，带领当地农民发展黑木耳生产。同时，他们把各地黑木耳产品收购回来，又从龙泉销售到全国29个省份。龙泉人民创造的南方黑木耳生态高效种植模式，不但带动了本地农民脱贫致富，为乡村振兴立下了汗马功劳，还助推了西部精准扶贫工作。“云和黑木耳”和“龙泉黑木耳”分别被国家质检总局列入国家地理标志产品和国家生态原产地保护产品名单；“龙泉黑木耳”成功注册商标。

但是到2013年，主栽品种916出现菌种退化，表现为耳棒排场后出现严重的烂棒现象，种植黑木耳的农户出现1/3微利、1/3保本、1/3亏本的现象，很多农民开始停产或转行。2013年龙泉市人民政府分管农业的副市长何登新提出，让龙泉市人民政府办公室牵头，带领龙泉市农业局食用菌办公室，农业龙头企业和菌种场负责人、技术人员组成的队伍赴黑龙江省东宁县学习，从东宁县引进15个黑木耳菌株进行试验筛选，并出台产业政策扶持推广应用黑山菌株。2017年，龙泉黑木耳生产起底回升，每年生产量以20%～30%的速度增加，并且逐步向规模化转变。集约化料棒加工厂、菌棒养菌中心应运而生。

（三）南方黑木耳生态高效栽培创新突破阶段（2018年至今）

黑木耳黑山菌株的全面推广应用，挽救了濒临毁灭的黑木耳产业，提振了农户生产黑木耳的信心，并逐步向规模化、专业化生产方向发展。但是产业也面临着农村劳动力结构老龄化、基本农田保护政策收紧、农民的物质需求日益增长、生产条件难以改善、异常气候越来越多等挑战，制作料棒、采摘黑木耳的劳动强度大，适龄劳动力短缺等问题日益突出；黑木耳由于采摘不及时会烂在田里，不实现机械化、设施化，很难确保黑木耳的稳产高产。龙泉于2018年着手南方黑木耳液体菌种短包生产技术研究，成功探索前期集约化养菌＋后期分散式出耳的模式，并实现了产业化应用，生产的菌包供不应求。为衔接黑木耳液体菌种短包生产模式，龙泉市人民政府向浙江省农业农村厅申请了“黑木耳全程机械化重点突破协同攻关项目”，着手研发应用黑木耳采摘机、排场机、烘干机、废弃菌棒回收机，实现黑木耳全程机械化生产。

第二章　黑木耳的生物学特性

一、形态结构

黑木耳由菌丝体、子实体、担孢子构成。菌丝体为营养器官，子实体为繁殖器官。

（一）菌丝体

菌丝体由孢子萌发而成，无色透明。在显微镜下观察，是由许多具有横隔和分枝的管状菌丝组成。菌丝的细胞中，除了细胞壁、细胞膜和细胞核外，还有线粒体、内质网和液泡等。在段木内生长蔓延后使木质变成疏松白色。在培养基斜面上菌苔呈灰白色，绒毛状贴生或气生。

（二）子实体

子实体又称担子果，即食用部分，由许多菌丝交织扭结而成胶质状。子实体单生为耳状，群生为菊花状，胶质、半透明。有背腹之分，背面有毛，腹面中凹光滑，干后强烈收缩，浸泡率8 ~ 15倍。黑木耳内部结构无髓而有中层，这是区别于毛木耳的主要特征。

（三）担孢子

担孢子产生于耳片上，黑木耳自然繁殖依靠孢子传播。成熟的子实体在光照、水分、温度、湿度等适宜的条件下，产生大量的担孢子，孢子印白色。

二、黑木耳的生长条件

（一）营养

营养是一切生物生命的物质基础。黑木耳赖以生存的营养，完全依靠其菌丝体从基质中吸取。黑木耳是一种腐生性很强的木材腐朽菌，属异养型生物，没有叶绿素，不能利用太阳光进行光合作用合成养料，只能从枯死的树木基质中获得以下营养：

1.碳源　碳源是构成生物体各种重要内部结构（细胞膜、内膜系统等）的原材料。碳源来自有机物，如葡萄糖、蔗糖、淀粉、纤维素和木质素等。据木材化学分析资料，一般栎属植物的枝条中，纤维素含量约为40%，木质素约为24%，半纤维素约为21%（其中多聚戊糖约为20%，甲基多聚戊糖约为1%）。在常见的碳源中，葡萄糖等小分子碳水化合物能被黑木耳菌丝直接吸收，而纤维素、半纤维素等大分子物质不能直接被木耳菌丝吸收利用，必须在木耳菌丝分泌出的酶的作用下，不断将纤维素、木质素以及淀粉分解成小分子化合物后才能被吸收。含有纤维素、木质素的农作物秸秆、棉籽壳、木屑、玉米芯、甘蔗渣等，都是很好的培养料，能供给菌丝生长发育所需的碳源。

2.氮源　氮源是构成生活细胞遗传物质——核酸的基础。蛋白质、氨基酸、尿素、氨、铵盐和硝酸盐等均可作为黑木耳栽培的氮源。其中，氨基酸、尿素、氨、铵盐和硝酸钾等能被菌丝体直接吸收。蛋白质是一种高分子化合物，必须经过蛋白酶的作用，分解成小分子物质氨基酸后才能被吸收利用。氮源不足会影响黑木耳菌丝的生长。用棉籽壳、木屑等栽培黑木耳时，适当添加一些含氮源较多的麸皮、米糠，可以促进菌丝生长，缩短出耳期，提高产耳量。

3.无机盐　无机盐中磷、钾、钙、铁、镁及其他微量元素，是黑木耳生长发育不可缺少的营养物质。其中，磷、钾、钙尤为重要。磷对黑木耳菌丝生产发育、核酸的形成和能量代谢都有重要作用；没有磷，碳和氮就不能很好地被利用。钾参与细胞组成、营养物质吸收和呼吸作用的进行。钙可以促进子实体的形成，还有中和酸性、稳定培养料pH的作用，代料栽培黑木耳配料中添加碳酸钙就是这个原理。此外，黑木耳生长还需要铜、铁、锰、锌、钴等微量元素。这些微量元素在普通水中的含量就能满足黑木耳生长发育的需要。

4.生长因子　黑木耳的生长发育还需要有核酸和各种维生素，它们是必不可少，需要量又极微的特殊营养物质。在马铃薯、麸皮、米糠中含有较多的维生素。

（二）水分

水分是黑木耳生长发育的主要条件之一。在不同的生长发育阶段，黑木耳对水分的要求是不同的。在菌丝体生长阶段，即吸收和积累营养物质的阶段，水分过多，会导致透气性不良，氧气不足，使菌丝体的生长发育受到抑制，严重的甚至可能窒息死亡。子实体形成时期对湿度要求比较高。除耳木中含水量要求35%～40%，代料栽培的培养基质中要求50%～60%之外，还要求空气相对湿度经常保持在85%～95%，并且保持“干干湿湿”不断更替状态，这样可以促进子实体生长健壮、耳片大、肉厚。若空气相对湿度低于80%，子实体形成缓慢。在菌丝体生长发育阶段（包括采耳之后），要调节耳木内及空气中的湿度，使其较干，促进菌丝生长蔓延。同时，树皮外壳无水膜，也可以减少杂菌的滋生。当菌丝生长发育到一定的阶段，分化为耳芽时，就要保持较高的空气湿度，促进子实体生长和发育，保证黑木耳高产优质。

一般年降水量在800～1 000毫米的地区，都能生产黑木耳。在秦岭以南地区，每年10月至翌年4月，水分管理好坏或降水量的多少，起着决定性的作用。如果水分充足，就有利于黑木耳子实体的生长和发育。春耳即从立夏到小暑所采收的黑木耳，朵大肉厚质量最好，而且产量要占全年总产量的半数以上。栽培黑木耳的栓皮栎、樱桃树、枫树木屑，其木栓层有吸水、隔热、保温、保湿的作用，在这些树木木屑木质部里的黑木耳菌丝不容易晒死或干死。而黑木耳属胶质菌类，其子实体含有丰富的胶质，有强大的吸水能力。新鲜木耳含水量往往在90%以上，其干鲜比约为1∶15。子实体在吸足水分之后，在相对湿度为85%～95%的条件下，可以保持1～3天的柔软状态，并且能迅速地在腹面产生大量的担孢子。

风干或晒干后的黑木耳，其含水量约为10%。它的质地变成角质状，比较坚韧。据观察，在春、秋季节，强壮的黑木耳子实体可以反复地干、湿5～7次，每次仍能产生担孢子。当子实体失去弹性后，也就失去了产生担孢子的能力。

（三）温度

黑木耳属于中温型菌类，菌丝在6～36℃均能生长，但以25～28℃为最适宜，在6℃以下、36℃以上受到抑制。但是，黑木耳菌丝对于短期的高温和低温都有较强的抵抗力。黑木耳的菌丝在15～27℃的条件下均能分化为子实体，但以17～23℃为最适宜。黑木耳子实体的生命力很强，将晒干后的黑木耳子实体在20～30℃下存放13天，再用水浸胀，洗净后，放在20℃下保温培养，仍能产生大量的担孢子。湿耳片在39～41℃时，不能产生担孢子。担孢子在22～32℃均能萌发。

黑木耳在其适宜生长发育的温度范围内：温度越低，生产发育越慢，菌丝体越健壮，子实体色深肉厚；温度越高，生产发育速度越快，菌丝徒长、易衰老，子实体色淡、质薄。在高温高湿情况下，子实体易发生流耳现象。

（四）光照

黑木耳菌丝在各个生长发育阶段对光照的要求不同。在菌丝体生长阶段，菌丝不需要光照就能正常生长。子实体形成发育阶段，完全黑暗的条件下，耳芽不能形成，正常的子实体形成发育，不仅需要大量的散射光，而且需要一定的直射光，黑木耳才能呈现正常的深褐色。在微弱的光照条件下，耳片呈现淡褐色，又小又薄，产量低。但在阳光强烈的情况下，黑木耳曝晒，会引起水分的大量蒸发，使段木和栽培环境干燥，使子实体干缩，生长缓慢，影响产量。因此，应采取搭棚和增加喷水的办法，调节光照，以适应黑木耳生长的需要。

（五）空气

黑木耳属好气性真菌，与其他真菌相比较，它的整个生长过程需氧量特别多。它的呼吸作用是吸收氧气排出二氧化碳。正常的空气中氧的含量约为21%，二氧化碳的含量约为0.03%。如果空气不新鲜，缺少氧气，就会使菌丝的生长和子实体发育受到影响。因此，黑木耳整个生长发育过程中，特别要注意保持栽培场地的空气流通、清新。同时，在制作菌种和菌棒时，培养料的水分不可太多，装瓶不可太满，以便供给菌丝体生长所需充足的氧气。此外，保持空气流通清新还可避免烂耳，减少病虫的滋生。

（六）酸碱度

黑木耳喜在微酸性的环境中生活。菌丝体在pH 4.0 ~ 7.0范围内都能正常生长，以pH 5.0 ~ 6.5为最适宜。在段木栽培中，除了应注意喷洒的水所具有的酸碱度之外，一般不需考虑这个问题。但是，在配制培养基时，应将其pH调到5.0 ~ 6.5。

总之，黑木耳的生长特性可以概括为：喜温、喜湿、好光、好氧、耐旱、耐寒、高温易烂。上述各个特性并非孤立和始终存在的，不同的发育阶段，某一特性起主要作用，它们相互联系相互影响，综合地对黑木耳的生长发育起作用。因此，人们在栽培黑木耳的过程中，应根据其生活习性，进行科学管理，以便获得黑木耳高产稳产。

第三章　黑木耳主要品种

种质资源是关系到一个国家和民族竞争力的重要战略物资，农作物品种是农业生产的芯片，品种好坏直接关系到黑木耳产业能否良性发展。2007年，中央为全面贯彻落实党的十七大精神，加快现代农业产业技术体系建设步伐，提升国家、区域创新能力和农业科技自主创新能力，为现代农业和社会主义新农村建设提供强大的科技支撑，在实施优势农产品区域布局规划的基础上，由农业部、财政部依托中央和地方科研优势力量和资源，启动建设了以50个主要农产品为单元、产业链为主线，从产地到餐桌、从生产到消费、从研发到市场各个环节紧密衔接，服务国家目标的现代农业产业技术体系。而食用菌作为我国大宗农产品，有着国家食用菌产业技术体系，丽水市成为香菇、黑木耳和灵芝的综合试验站，龙泉作为丽水综合试验站下黑木耳、灵芝的示范点，于2021年9月与国家食用菌产业技术体系——黑木耳岗位专家（张介驰专家）团队合作，引进选育推广黑木耳新品种，建立试验示范点。现将30个黑木耳品种的主要特性介绍如下：

一、916

916（图3-1）为龙泉市本地品种，是2003年代料黑木耳推广以来南方黑木耳产区的主栽品种。该品种成熟较晚，产量高，开片快，以单片耳较多。背面筋脉多明显，呈黑褐色，腹面油黑色，阴阳面明显。干后形状好，抗逆性强，产量稳定，泡发率达16 ∶ 1，肉质肥厚，口感较软。但是栽培多年后，该品种优良特性有所退化，出现耳片大、背面筋多、颜色偏黄、不耐高温和持续阴雨天气等特征，采收第一潮耳后容易出现黑斑、烂棒流耳等现象。该品种自2016年以来栽培数量逐年减少，目前仅占龙泉市黑木耳栽培总量的5%左右。

图3-1　916

二、黑山15号

黑山15号（图3-2）是龙泉市于2013年从黑龙江省东宁县引进的品种，经过多年品比试验和示范推广后，现已成为龙泉市黑木耳主栽品种，约占黑木耳栽培总量95%。黑山15号菌株是一种中温型菌类。菌丝生长温度范围6～36℃，最适温度25～28℃；子实体分化发育温度为12～25℃，最适温度17～23℃。耳片小、单片、形状好、背面无筋、卷边、颜色黑，外形与段木黑木耳相近，且出耳整齐、耐高温高湿，不容易出现黑斑、烂棒流耳等现象。干品直径在2～4厘米，厚度超过0.8毫米，对称度较好；肉质偏硬，口感酥脆爽滑，泡发率12 ∶ 1、偏低。

图3-2　黑山15号

三、丽耳3号

选育单位：浙江省丽水市农林科学研究院。

品种认定（登记）：2018年通过浙江省品种认定（浙认菌2018002号）。

品种特点：丽耳3号（图3-3）菌丝体白色，生长旺盛。菌丝生长温度5～38℃，29℃左右菌丝生长较快，发满菌棒约需40天（栽培袋规格15厘米×53厘米，干料约为900克）。子实体单生，出耳整齐，早熟性好。干耳耳片腹面光滑、色黑，背面皱褶少、浅灰色、具密生短绒毛，耳基小。适宜条件下，下田排场后10天内形成原基，年内可采收秋冬耳2～3批，秋冬耳产量占总产量的60%以上。

图3-3 丽耳3号

适宜栽培区域：适宜在浙江省黑木耳产区栽培。制种时间依据不同区域、不同海拔高度而定。中低海拔地区一般安排在8—9月制菌棒，10—11月排场出耳；高海拔山区制棒和出耳管理可适当提前。

四、林黑1号

选育单位：浙江省丽水市农林科学研究院。

品种认定（登记）：2019年通过浙江省品种认定（浙认菌2019001号）。

品种特点：林黑1号（图3-4）属于中早熟品种。菌丝较浓密，定殖速度快。菌丝生长温度5 ~ 35℃，最适生长温度25 ~ 28℃；耳芽形成温度为10 ~ 25℃，最适生长温度15 ~ 23℃。子实体单片，耳形好，黑褐色。耳片皱褶和耳脉少、背面着生，胶质、软，耳片边缘较平滑。耳片大小（4.95 ~ 11.2）厘米×（3.72 ~ 8.1）厘米，厚1.3 ~ 1.88毫米，子实层生下表面，担子无色、横隔，具4小梗，孢子椭圆形至圆柱形。栽培有春栽和秋栽两种模式，浙江省栽培季节宜选择秋季。秋季栽培在7月中旬至8月下旬接种，随着海拔提高栽培时间相应提早。根据丽水的栽培实际，最早排场时间可以提前到9月下旬和10月初，年前可以采收2 ~ 3潮木耳，产量高，质量好，栽培效益显著。但需要熟练掌握制棒技术，确保高温季节仍有较高的成品率。

图3-4　林黑1号

优点：出耳较快，耳形佳、单片、肉较厚，产量高，泡发率大，抗烂棒能力较强。

缺点：耳片较大，边缘偶有缺刻。

五、黑耳2号（黑29）

选育或引进单位：黑龙江省科学院微生物研究所。

菌种来源（或采集地点）：黑龙江省尚志市鱼池乡野生黑木耳驯化育成。

品种认定（登记）：2001年通过黑龙江省品种认定（黑认2001-16），2007年通过国家认定（国品认菌2007018），2003年获得黑龙江省科技进步三等奖，被评为高新技术产品和全国名牌产品，“黑29”已注册商标（注册号：4888433）。

品种特点：黑耳2号（图3-5）属于中晚熟品种，是东北单片黑木耳的典型代表品种。大V形口出耳时子实体簇生，牡丹花状；大片型，耳根较小，子实体单朵直径6～12厘米，可分成单片，厚0.5～1毫米；耳脉多而明显；耳片呈碗状，正反面差异大；腹面黑色、有光泽，背面灰褐色，绒毛短、密度中等。小孔出耳时，单片，无根，碗状，黑灰色，筋脉粗大，正反面差别明显。出耳较晚，不齐，没有明显的耳潮间隔。耐高温、抗杂性强、高产稳产，适合春秋两季栽培。

图3-5　黑耳2号（黑29）

适宜栽培区域和模式：东北地区及相似生态区，春、秋季代料栽培。

六、黑威15号

选育或引进单位：黑龙江省科学院微生物研究所。

菌种来源（或采集地点）：黑龙江省大兴安岭。

品种认定（登记）：2014年获国家发明专利（ZL 201410004033.3），2015年通过黑龙江省品种登记（黑登记2015053），2020年、2021年列为黑龙江省优质高效黑木耳种植主导品种。

品种特点：黑威15号（图3-6）子实体单片，碗状，黑灰色，具大筋脉。出芽较快，出耳整齐，单片率高，适合小圆孔出耳和大棚出耳。抗杂能力强，产量高。

图3-6　黑威15号

适宜栽培区域和模式：适合东北地区春、秋季，地摆和大棚代料栽培。

七、黑威伴金

选育或引进单位：黑龙江省科学院微生物研究所。

菌种来源（或采集地点）：黑龙江省大兴安岭。

品种认定（登记）：2020年、2021年列为黑龙江省优质高效黑木耳种植主导品种。

品种特点：黑威伴金（图3-7）属于中熟品种。子实体单片无根，碗状，圆边，筋脉少（半筋）。干耳形好，易卷边，黑灰色，商品性好，售价高。出芽快、整齐。耐水、抗杂，适合大棚挂袋和地摆。

图3-7　黑威伴金

适宜栽培区域和模式：适合东北地区，春、秋季地摆和大棚代料栽培。

八、黑威单片

选育或引进单位：黑龙江省科学院微生物研究所。

菌种来源（或采集地点）：黑龙江省大兴安岭。

品种认定（登记）：2020年、2021年列为黑龙江省优质高效黑木耳种植主导品种。

品种特点：黑威单片（图3-8）属于中熟品种。为单片，无筋型新品种。子实体无根，耳片平滑，无筋或少筋，肉厚，边缘圆整。干耳腹面黑色、背面灰色，易形成像茶叶一样的条形状，商品性极佳。耐高温，耐大水，抗杂性强，适合小口和大棚出耳。

图3-8　黑威单片

适宜栽培区域和模式：适合东北地区，春、秋季地摆和大棚代料栽培。

九、牡耳1号

选育或引进单位：黑龙江省农业科学院牡丹江分院。

菌种来源（或采集地点）：黑龙江省东宁市老爷岭余脉老黑山南侧太阳沟。

品种认定（登记）：2013年通过黑龙江省品种登记（黑登记2013056）。2020年、2021年列为黑龙江省优质高效黑木耳种植主导品种。

品种特点：牡耳1号（图3-9）属于中早熟品种。子实体单片，无根，元宝状，色黑，边缘整齐。干耳背、腹面明显，腹面呈黑色、光滑、发亮，背部青褐色、外被有短绒毛、多脉状褶皱(多筋)。口感软糯，弹性好，胶质成分丰富。抗杂能力强。尤其是抗流耳能力强。

图3-9　牡耳1号

适宜栽培区域和模式：适宜东北地区全光地栽和棚室立体吊袋栽培。

十、牡耳2号

选育或引进单位：黑龙江省农业科学院牡丹江分院。

菌种来源（或采集地点）：长白山脉和完达山脉相交的老爷岭山系牡丹峰红松阔叶混交林。

品种认定（登记）：2016年通过黑龙江省品种登记（黑登记2016053）。

品种特点：牡耳2号（图3-10）子实体单片，根小，色黑，碗状，圆边，耳厚。干耳背、腹面明显，腹面呈黑色、光滑、发亮，背部青褐色、外被有短绒毛、少脉状褶皱（少筋）。弹性好，胶质成分丰富。

图3-10　牡耳2号

适宜栽培区域和模式：适宜东北、内蒙古、河北、山东等地，棚室立体栽培和地摆栽培。

十一、东黑1号

选育或引进单位：东北农业大学。

菌种来源（或采集地点）：黑龙江省大兴安岭。

品种认定（登记）：2016年通过黑龙江省品种登记（黑登记2016051）。

品种特点：东黑1号（图3-11）属于中早熟品种。菌丝体洁白、粗壮、浓密、呈绒毛状，菌落边缘整齐。子实体朵小（直径3～6厘米），均一；耳片厚、碗状，耳片腹面呈黑色，背面浅棕色有灰色短绒毛，两表面色差显著，耳片微有筋，根细小。需30～35天培养成熟，出耳温度为20～25℃。适合小孔栽培，露地栽培时子实体长势强、抗杂、耐高温、抗烂耳。

适宜栽培区域和模式：黑龙江省各地，棚式挂袋或地摆栽培。

图3-11 东黑1号

十二、东黑2号

选育或引进单位：东北农业大学。

菌种来源（或采集地点）：黑龙江省大兴安岭。

品种认定（登记）：2016年通过黑龙江省品种登记（黑登记2016052）。

品种特点：东黑2号（图3-12）属于早熟品种，出耳期比对照品种黑29早8～10天。子实体呈碗状，有耳筋脉，朵小、均一；耳片厚、边缘整齐、耳形好，腹面黑色，背面浅棕色有灰色短绒

图3-12　东黑2号

毛，两面颜色反差明显，耳根细小。口感柔软而有弹性，菌香浓郁，长期浸泡无烂耳。

适宜栽培区域和模式：适宜黑龙江省各地秋季栽培。

十三、林科6号

选育或引进单位：黑龙江省伊春林科院原生态食用菌研究所。

菌种来源（或采集地点）：小兴安岭森林里的野生品种与黑29杂交选育的品种。

品种认定（登记）：2013年通过黑龙江省品种登记（黑登记2013057）。

品种特点：林科6号（图3-13）子实体耳片黑褐色，背面有筋脉，腹面筋脉较少。出耳快，抗杂，耐水性强，代料栽培成熟耳片最大朵12 ~ 15厘米，厚度1.8 ~ 2.1毫米。15℃散射光培养，催芽15天左右即可形成耳芽，出耳时间集中，从形成原基至采摘结束（20 ~ 25℃）约为35天。

图3-13　林科6号

适宜栽培区域和模式：适宜东北地区，棚式挂袋或地摆栽培均可。

十四、兴安2号

选育或引进单位：大兴安岭农林科学院。

菌种来源（或采集地点）：大兴安岭农林科学院。

品种认定（登记）：2012年通过黑龙江省品种登记（黑登记2012052）。

品种特点：兴安2号（图3-14）属于中晚熟品种。耳片多筋，软糯。抗性好。催耳至采收结束65～75天。

适宜栽培区域和模式：适宜黑龙江省各地，春季出耳。

图3-14　兴安2号

十五、黑木耳特产1号（黑木耳特产2号）

选育或引进单位：黑龙江省林副特产研究所。

菌种来源（或采集地点）：黑龙江省牡丹江市。

品种认定（登记）：2009年通过黑龙江省品种登记（黑登记2009049）。

品种特点：晚熟品种。单片，展片好，形状好。耐高温，耐大水，抗杂菌能力强，产量较高。

适宜栽培区域和模式：黑龙江省各地，春季代料栽培。

十六、伊耳1号

选育或引进单位：伊春市友好食用菌研究所。

菌种来源（或采集地点）：黑龙江省小兴安岭伊春市友好区北

山野生木耳分离。

品种认定（登记）：2001年通过黑龙江省品种认定（黑认2001-13）。

品种特点：伊耳1号（图3-15）原基形成温度10～15℃，子实体单片，展片至成熟温度16～24℃。该品种子实体形成温度较低，但展片快，耐高温，产量稳定，商品价值高。

适宜栽培区域和模式：适宜黑龙江省各地，大地摆袋或大棚吊袋栽培。

图3-15 伊耳1号

十七、雪梅1号

选育或引进单位：牡丹江市雪梅食用菌研究所、海林市柴河镇冬梅食用菌厂。

菌种来源（或采集地点）：由黑龙江省林口县的野生黑木耳菌株驯化而成。

品种认定（登记）：2008年通过黑龙江省品种登记（黑登记2008019），2016年通过国家品种认定（国品认菌2016004）。

品种特点：子实体片厚，色黑，抗逆性强，高产（图3-16）。

适宜生产区域和模式：适宜于东北地区，代料栽培和段木栽培。

图3-16 雪梅1号

十八、黑尊3号

选育或引进单位：吉林黑尊生物科技股份有限公司。

菌种来源（或采集地点）：吉林省。

品种认定（登记）：2016年获得植物新品种权（CNA20162225.3）。

品种特点：菌丝适宜生长温度15～32℃，子实体单片簇生，耳根少，耳片圆整似耳状，正反面差异大，背面生有微细短绒毛，腹面黑色有光泽（图3-17）。

适宜生产区域和模式：适宜于东北地区，代料栽培。

图3-17　黑尊3号

十九、黑尊4号

选育或引进单位：吉林黑尊生物科技股份有限公司。

菌种来源（或采集地点）：吉林省。

品种认定（登记）：2016年获得植物新品种（CNA20162226.2）。

品种特点：黑尊4号（图3-18）属于中早熟品种。温度15～25℃，管理正常情况下8～15天出芽，出芽齐。耳形圆，碗状，耳片微筋，正反面分明，适合小孔打眼，适时采收，晒出的黑木耳形成小耳朵状，产量高。

适宜生产区域和模式：适宜于东北地区，代料栽培。

图3-18　黑尊4号

二十、黑尊5号

选育或引进单位：吉林黑尊生物科技股份有限公司。

菌种来源（或采集地点）：吉林省。

品种认定（登记）：2016年获得植物新品种权(CNA20162227.1)

品种特点：黑尊5号（图3-19）菌丝适宜生长温度15 ～ 33℃，正常管理10 ～ 12天出芽。子实体单生，耳根少，半耳脉；耳片圆整，背面生有微细短绒毛，瓦灰色，正面黑色有光泽。耐水，耐温。

图3-19　黑尊5号

适宜生产区域：适宜于东北地区，代料栽培。

二十一、绥学院1号

选育或引进单位：绥化学院食用菌研究所。

菌种来源（或采集地点）：黑龙江省牡丹江市东京城林业局东方红林场9号林班。

品种认定（登记）：2013年通过黑龙江省品种登记（黑登记2013058）。

品种特点：中早熟品种。该品种菌丝体在PDA培养基上洁白浓密，生长整齐、健壮，半匍匐型。栽培袋划孔120 ～ 160个，子实体黑褐色至褐色，耳片直径8 ～ 12厘米，耳根小，单片，肉厚，圆边，碗状，商品性状好，腹背有明显色差。干鲜比1 ∶ 15。该品种属于腐生性中温型，催芽后，从上畦摆袋到子实体生长至采收需30天，从接种到采收第一潮耳需90天。

适宜栽培区域和模式：黑龙江省各地，适宜季节均可以进行栽培。

二十二、农经木耳1号（农苑06）

选育或引进单位：黑龙江农业经济职业学院。

菌种来源（或采集地点）：2004年在黑龙江省牡丹江市温春镇江东四道沟山上采野生黑木耳子实体。

品种认定（登记）：2010年通过黑龙江省品种登记（黑登记2010042）。

品种特点：该品种为单片朵生，耳基细小，耳片大（直径10 ~ 15厘米）而厚（1.5 ~ 2.6毫米），属大朵大片细根单片型；耳片腹凹面黑色，背面黑灰色，腹、背两面色差明显，耳筋明显。抗杂性强，不流耳，高产稳产（袋产干耳50 ~ 60克），干鲜比1 ∶ 10。

适应栽培区域和模式：适宜全国各地，可春秋两季栽培出耳。

二十三、宏大2号（新世纪1号）

选育或引进单位：牡丹江宏大食用菌研究所。

菌种来源（或采集地点）：黑龙江省牡丹江市东宁市。

品种认定（登记）：2011年通过黑龙江省品种登记（黑登记2011044）。

品种特点：宏大2号（图3-20）子实体看似无筋，又有微筋，圆朵形状佳，边缘整齐，阴阳面清晰，背面瓦灰色。耐高温，耐大水，抗杂菌能力强，产量较高并且稳定。

图3-20　宏大2号（新世纪1号）

适宜栽培区域和模式：东北地区，代料栽培。

二十四、康达1号

选育或引进单位：黑龙江省牡丹江市海丰食用菌研究所。

品种认定（登记）：2011年通过黑龙江省品种登记（黑登记2011045）。

菌种来源（或采集地点）：黑龙江省海林市大海林林业局（长白山山脉）。

品种特点：根小，子实体正反面明显，抗杂性强，品相好，有较高的商品性（图3-21）。

适宜栽培区域和模式：东北及相似生态地区，地摆和挂袋。

图3-21　康达1号

二十五、德金1号（东A9809）

选育或引进单位：东宁县必得金食用菌研究所。

菌种来源：黑龙江省东宁市野生黑木耳分离驯化。

品种认定（登记）：2008年通过黑龙江省品种登记（黑登记2008040）。

品种特点：德金1号（图3-22）属于早熟品种。子实体单片聚生，耳片少筋，颜色黑，正反面差别较小。出耳快，集中。

适宜栽培区域和模式：黑龙江省各地，袋栽。

图3-22　德金1号（东A9809）

二十六、西藏6号

选育或引进单位：黑龙江大学。

菌种来源（或采集地点）：西藏自治区林芝市野生木耳分离。

品种特点：木耳出芽齐，产量高，质量优质，可提早采摘。

适宜栽培区域和模式：东北地区浅山区栽培。

二十七、黑山

选育或引进单位（个人）：黑龙江省牡丹江市宁安市李德高。

菌种来源（或采集地点）：黑龙江省牡丹江市宁安市。

品种特点：黑山（图3-23）属于中早熟品种。子实体单片，无筋或微筋，正反面颜色差别大。干制后容易卷曲成三角形耳片，有较高的商品性，市场覆盖率较大。

适宜栽培区域和模式：东北及相似生态地区，地摆和挂袋。

图3-23　黑山

二十八、黑元帅

选育或引进单位：东北林业大学。

菌种来源（或采集地点）：东北林业大学（牡丹江）。

品种特点：黑元帅（图3-24）属于中早熟品种。菌丝白色透着一点青色，耳芽形成极快且整齐，耳片生长速度较快，色质黑厚，基本无筋脉，晾晒后正反面明显。耐大雨，不容易烂耳，干鲜比小，适应温度较高，商品价值高。

适宜栽培区域和模式：适宜黑龙江省东宁、尚志、伊春，吉林省汪清、延吉等地，林下栽培、全光照地栽和棚室栽培。

图3-24　黑元帅

二十九、东林青瓦

选育或引进单位：东北林业大学。

菌种来源（或采集地点）：东北林业大学（大兴安岭）。

品种特点：东林青瓦（图3-25）属于中早熟品种。菌丝较细弱，基本颜色白色，稍有蛋青色，耳芽形成极快且整齐；耳片生长速度较快，在阳光充足的条件下，大棚吊袋中颜色为瓦青色，不容易红根，基本无筋脉，晾晒后正反面明显。耐大雨，不容易烂耳，干湿比小，适应温度较广。

适宜栽培区域和模式：适宜黑龙江省东宁、尚志、伊春，吉林省汪清、延吉等地，林下栽培、全光照地栽和棚室栽培。

图3-25　东林青瓦

三十、海丰1号

选育或引进单位：黑龙江省牡丹江市海丰食用菌研究所。

菌种来源（或采集地点）：黑龙江省海林市大海林林业局（长白山山脉）。

品种特点：海丰1号（图3-26）子实体片大，正反面明显。抗杂性强，抗大水，产量高。

图3-26　海丰1号

适宜栽培区域和模式：东北及相似生态地区，地摆和挂袋。

第四章　黑木耳菌种生产

第一节　固体菌种生产

黑木耳固体菌种实行母种（一级种）、原种（二级种）、栽培种（三级种）三级繁育程序。

一、菌种场布局与设施

固体菌种的制作流程主要包括培养基配制、灭菌、接种、培养4个基本环节。主要设施设备包括菌种生产场所和制种、灭菌、接种、培养、保藏等设备。

（一）制种场地的选择

选择远离公路、禽舍、畜栏、厕所等生产生活污染源及工业污染源，地势平整，水、电、路三通，离主产区近的地块。

（二）菌种场的科学布局

根据黑木耳生物学特性，空间规划布局既要考虑省工方便操作、又要考虑阻断病虫的传播，合理布局原辅料仓库、晒场、原料处理场地、洗涤室、配料室、灭菌室、冷却室、接种室、培养室、质检室和菌种储藏室等。

二、母种（一级种）生产

母种是指由担孢子、子实体组织或基质菌丝分离，并在培养基上繁殖的菌丝体、芽孢及其培养基质。其来源主要有：一是从子实体或基质上直接分离纯化而来；二是引进的菌种；三是通过各种育种手段得到菌种。

（一）生产设施设备

生产母种需要用到的设备和器具主要有：玻璃器皿、衡量器具、电磁炉、pH检测仪、高压蒸汽灭菌锅、超净工作台、接种工具、恒温培养箱和其他基础设备。

1.玻璃器皿 主要有试管、三角瓶、培养皿、烧杯、漏斗、菌种瓶、试剂瓶、酒精灯等。

2.衡量器具 主要有天平、杆秤、磅秤、电子秤、量杯、量筒、移液枪等。

3.其他基础设备 主要有药品橱、玻璃器皿橱、菌种配料工作台等。

（二）工艺流程

母种培养基常用培养容器为试管，装入培养液并经过高压灭菌后摆成斜面，常用于菌种的分离提纯、扩繁以及保存。固体菌种母种生产工艺流程见图4-1。

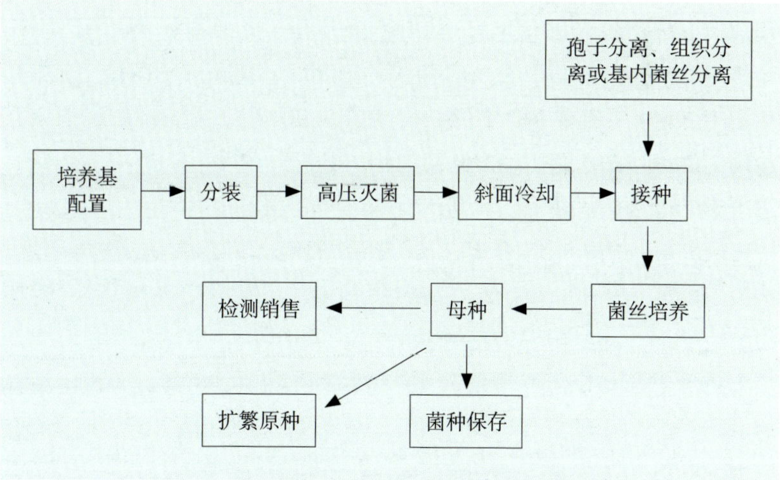

图4-1 黑木耳固体菌种母种生产工艺流程

（三）培养基配制

1.培养基参考配方（以配置1 000毫升培养基为例）

（1）PDA培养基（马铃薯、葡萄糖、琼脂培养基）。马铃薯去皮（200克），葡萄糖（20克），琼脂（20克），水（定容至1 000毫升）。

（2）PSA培养基（马铃薯、蔗糖、琼脂培养基）。马铃薯去皮（200克），蔗糖（20克），琼脂（20克），水（定容至1 000毫升）。

（3）马铃薯玉米粉培养基。马铃薯去皮（200克），蔗糖（20克），玉米粉（50克），琼脂（20克），磷酸二氢钾（1克），硫酸镁（0.5克），水（定容至1 000毫升）。

（4）马铃薯黄豆粉培养基。马铃薯去皮（200克），蔗糖（20克），黄豆粉（50克），琼脂（20克），磷酸二氢钾（1克），硫酸镁（0.5克），水（定容至1 000毫升）。

（5）葡萄糖、蛋白胨、琼脂培养基。葡萄糖（20克），蛋白胨（20克），琼脂（20克），水（定容至1 000毫升）。

（6）马铃薯综合培养基。马铃薯去皮（200克），葡萄糖（20克），琼脂（20克），磷酸二氢钾（3克），硫酸镁（1.5克），维生素B_1（10毫克），水（定容至1 000毫升）。

（7）蛋白胨、酵母、葡萄糖、琼脂培养基。蛋白胨（2克），酵母（2克），葡萄糖（20克），琼脂（20克），硫酸镁（0.5克），磷酸二氢钾（0.5克），磷酸氢二钾（1克），维生素B_1（10毫克），水（定容至1 000毫升）。

（8）麸皮煮汁培养基。麸皮（100克），蛋白胨/酵母膏（2克），磷酸二氢钾（2克），硫酸镁（1克），葡萄糖（20克），琼脂（20克），水（定容至1 000毫升）。

（9）松针煮汁培养基。去鞘新鲜松汁（200克），0.1%高锰酸钾溶液（20毫升），葡萄糖（10克），蛋白胨（5克），磷酸二氢钾（1克），硫酸镁（0.5克），琼脂（20克），水（定容至1 000毫升）。

2. 培养基制作

（1）称量和配制。先按配方准确称取易溶物质，置于烧杯等容器内，难溶物质按配方称取后加适量清水，加热并不断搅拌使其溶解备用。如选用马铃薯配方，先将马铃薯去皮（注意挑选无芽无青绿的马铃薯）切成（1 ~ 2）厘米 ×（1 ~ 2）厘米的小丁，按配方称后放入容器内，加清水1 000毫升，文火煮沸20 ~ 30分钟，煮至马铃薯熟而不烂，用4 ~ 6层湿纱布过滤取汁。如有麸皮或松针的培养基，先将麸皮或松针放水中煮沸（麸皮煮沸30分钟、松针煮沸60分钟左右），再过滤取汁，最后将备好的配料依次加入滤汁中，搅拌均匀至溶解，定容至1 000毫升。

（2）酸碱度测定和调整。培养基溶液的酸碱度用pH来表示，黑木耳菌丝生长适宜的pH为5.0 ~ 6.5，在制备培养基时需测定并调整培养基pH至所需范围（图4-2）。

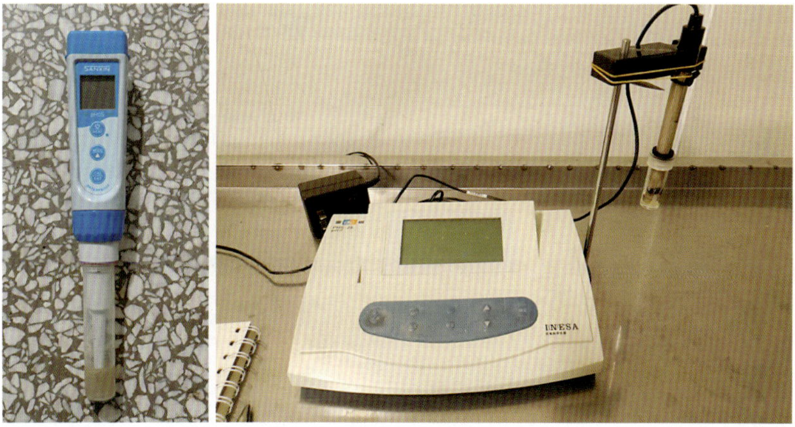

图4-2　pH测定仪

（3）分装。配置好的培养液需趁热分装。分装前准备好试管，制作斜面培养基，装量为试管高度1/5 ~ 1/4。分装时用漏斗置漏斗架上进行，或者将试管直立在透明容器内，借助移液管等工具进行分装（图4-3）。

（4）封口。母种试管的封口材料有棉塞、橡胶塞。棉塞采用普通棉花制作（可以用纱布包裹适量棉花缝制而成），主要用于过滤空气，防止杂菌感染，并能减少水分蒸发。试管培养基分装好后及时加盖棉塞或橡胶塞，塞子大小与试管口口径一致，塞入后要紧贴管壁、不留缝隙。松紧度应做到提起塞子后试管跟着提起而不脱落。

图4-3　培养液分装

3.高压灭菌　为避免灭菌时冷凝水淋湿棉塞，分装好的试管按7～10支为1捆，并在外面包扎一层锡箔纸/牛皮纸后装在筐内。装锅时试管均要竖放，切忌倾斜或卧置。盖好高压蒸汽灭菌锅（图4-4）后接通电源，设置温度为121℃（压力显示为0.11～0.14兆帕）、灭菌时间30～40分钟，关闭排气阀，启动灭菌锅。灭菌结束后，灭菌锅自动停止加热，使锅内压力自然下降。当温度将至100℃以下时，打开排水阀；待压力降至0.05兆帕时打开排气阀；锅内压力降至0后再打开锅盖，试管温度降至60℃以下时可以取出试管，放超净工作台冷却。

图4-4　立式高压蒸汽灭菌锅

使用高压蒸汽灭菌锅应注意以下事项：

(1) 先检查灭菌锅安全阀、压力表、排气阀等是否正常，有无异物堵塞，防止灭菌过程中发生事故和故障。

(2) 检查灭菌锅内水位，不能超过最高水位刻度，亦不可低于最低水位。水位过高导致试管口水分过多造成染菌，水分过少则会引起安全事故。

(3) 检查进水口的水位不能低于或高于安全线。

(4) 注意灭菌锅锅盖要旋紧，排气阀灭菌前要关闭。

(5) 灭菌完成后，要及时排除锅内的水，以免长期存储导致灭菌锅污染影响正常使用。

4.斜面冷却 为防止冷凝水在试管内积聚，应在试管温度降至55 ~ 60℃时摆放斜面，并在试管上面覆盖一层纱布以防止降温过快。在试管下面垫1厘米厚木板，斜面长度为试管长度的1/2 ~ 2/3，待冷却后即成斜面培养基。

（四）接种技术

1.母种分离方法 母种的分离方法有孢子分离法、子实体分离法、基内菌丝分离法和耳木分离法。选择耳田内长势好的耳片、无病虫害的菌袋或耳木作为原始分离材料。野生黑木耳菌种分离挑选完整、朵大肉厚、色泽黑、无虫咬、无染菌的黑木耳子实体作为原始材料。

注意：所有得到的分离培养物必须要通过纯化、生物学特性鉴定及出耳试验才能用于母种生产。

(1) 孢子分离法。

①管贴法。选取好原始黑木耳耳片后，干耳需要在清水内浸泡至耳片膨胀，鲜木耳无需浸泡；浸泡好后用力将黑木耳上水分甩干，将镊子和解剖刀用酒精灯消毒，用解剖刀取耳片中间部位无褶皱处切取1厘米见方的木耳小块；在黑木耳背面粘一点胶水，用镊子夹取轻轻放入提前灭菌好的松汁试管培养基内，注意要粘

在距离试管口1/3处培养基一侧的对面试管壁上，于24 ～ 26℃散射光下培养，见有白色孢子飘落形成孢子印后，取出耳片，继续培养；待试管壁长出菌丝后，再用灭菌过的接种针挑取菌丝转接到黄豆粉培养基内，至于24 ～ 26℃下避光培养，得分离培养物。

②印模法。选取好耳片，同样泡发膨胀后甩干水分，用酒精擦拭耳片消毒；将松汁试管培养基的胶塞取下，试管口在酒精灯下灼烧消毒，将接种铲也同样在酒精灯外焰上灼烧消毒，用试管口揿压耳片，稍作旋转揿取耳片，再用接种铲将耳片推至距离试管口3厘米处，将试管口和试管塞迅速在酒精灯外焰上过一下消毒后，塞好试管塞于25 ～ 28℃下散光培养；待有孢子飘落形成白色孢子印，再将耳片取出继续培养至长出菌丝，用灭菌后的接种针挑取木耳菌丝转接到培养基内培养，得分离培养物。

（2）子实体分离法。常用的母种为黑木耳子实体分离纯化而来。首先挑选少筋、无褶皱、无霉无虫害、大小3 ～ 4厘米的新鲜黑木耳单片子实体，进行组织分离。操作方法为，将分离工具镊子、90毫米的培养皿高压灭菌，灭菌后同试管培养基等工具一同放入到超净工作台内，开启紫外线灯杀菌30分钟，杀死大部分杂菌；配置灭菌试剂，分别在两个培养皿内倒入40毫升的75%的酒精，再分别加入0.3克的青霉素和0.3克的链霉素，分别标记为灭菌试剂1和灭菌试剂2待用；用75%酒精棉球擦拭双手和镊子，点燃酒精灯，在酒精灯外焰区内，用两把镊子操作，一把镊子夹紧木耳子实体，一把镊子用力去掉黑木耳耳片边缘内卷部位；用镊子取黑木耳子实体中间无褶皱部分夹取芝麻粒大小菌块约20块，放置于灭菌试剂1中，浸泡1分钟后，转移到灭菌试剂2中再浸泡1分钟，最后用灭菌后冷却好的镊子夹取木耳块，迅速在酒精灯外焰过一下，时间不超过1秒，防止耳片被烧坏；迅速用镊子传送到试管PDA培养基内，注意此时镊子尽量不要碰触试管壁，将木耳块放在试管斜面的中间部位，将胶塞盖紧；将试管放置于恒温培养箱内，设置25 ~ 28℃避光培养，得分离培养物。

(3) 基内菌丝分离法。挑取袋料黑木耳朵形好、色泽黑、耳厚，并且培养料紧实、菌丝浓密洁白的菌棒，在无菌环境下将其表面用酒精棉擦拭消毒，手用酒精棉擦拭消毒后，徒手将菌棒一分两半；将接种铲和试管口在酒精灯外焰上灼烧消毒后，用接种铲挑取菌棒中心部位的黄豆粒大小的木耳培养基，接种至试管培养基内，于25 ~ 28℃避光培养，至长出菌丝；用消毒好的接种针挑取菌丝前端转接到试管斜面上，继续培养得分离培养物。

(4) 耳木分离法。在出耳盛期，从耳场选取出耳整齐、生长健壮、无杂菌的耳木，锯下一段，清洗表面，置干燥通风处使其干燥；分离时，将耳木在酒精灯火焰上灼烧以杀死表面杂菌，再用酒精灯进行表面消毒后将耳木纵劈分成两半，用解剖刀在接种孔附近挑取米粒大耳木一小块，接种至斜面，于24 ~ 26℃避光培养；至长出菌丝，用消毒好的接种针挑取菌丝前端转接到试管斜面上，继续培养得分离培养物。

2.操作方法　接种人员进入无菌接种室要穿无菌服、胶鞋，戴帽子和口罩，过风淋。接种前，把经75%酒精棉擦拭过表面的分离培养物及接种工具等放入超净工作台（图4-5），开启紫外线灯和空气净化系统30分钟，用酒精枪将需要用到的金属接种工具烧一遍，冷却备用。接种前要先在试管外壁贴上标签，注明菌种名称、菌种来源和接种日期等信息。

图4-5　超净工作台（单人型）

超净工作台操作方便、舒适，但容量小、成本高，适合于母种制作，可根据生产规模灵活选择单人、双人或三人等类型。

常用接种工具一般前端为导热性好的金属材料，包括针、钩、枪、环、耙、镊、铲、匙、刀等。每一次接种下一支试管前，使用过的接种针等工具需要重新用酒精灯火焰灼烧、冷却后再使用。

（五）培养技术

接好的试管用托盘装好放入恒温培养箱内，设置24 ~ 26℃，湿度65% ~ 70%，培养8 ~ 10天长满试管即可（图4-6，图4-7）。暂时不用的母种可放在4℃左右冰箱内保存备用（图4-8）。培养过程中，要每天检查菌丝生长发育情况。如发现菌种有菌丝生长异常、杂菌污染，应及时清理。

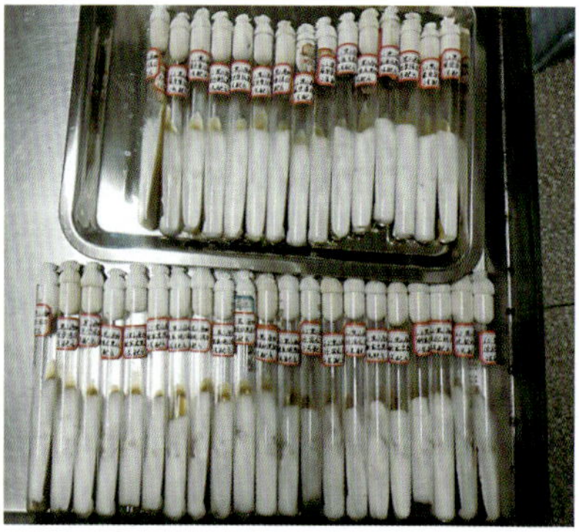

图4-6　母种培养

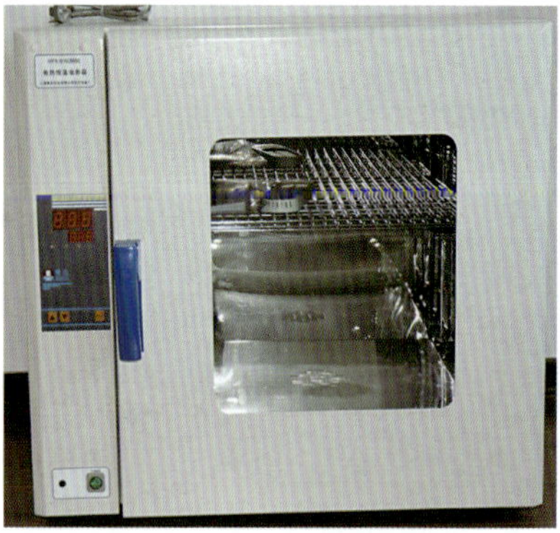

图4-7　电热恒温培养箱

电热恒温培养箱常用于少量菌种的培养。

图4-8　冰箱贮存菌种

冰箱贮存母种一般温度设置为4 ~ 6℃，贮存期不超过90天；贮存原种、栽培种一般温度设置为4 ~ 6℃，贮存期不超过45天。

三、原种（二级种）生产

原种：由母种移植到固体或液体培养基上繁殖的菌丝体及其培养基质。

（一）工艺流程

见图4-9。

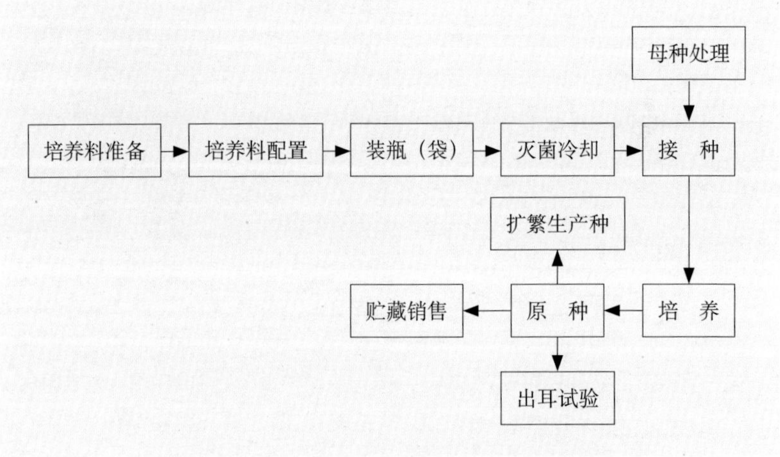

图4-9　黑木耳固体菌种原种生产工艺流程

（二）培养基配制

1.培养基推荐配方

（1）木屑77%～78%，麸皮20%，红糖1%，碳酸钙1%～2%。水适量，pH 5.0～6.5。

（2）木屑77%～78%，麸皮15%，米皮糠5%，红糖1%，碳酸钙1%～2%。水适量，pH 5.0～6.5。

2.培养料配置

（1）拌料。选择一个培养基配方，按比例称量好所需的原辅料，将红糖放入容器内，加水溶解，干料拌匀后加入红糖水翻拌均匀。再加水充分翻拌均匀，直至用手紧握原料，指缝有水渗出而不下滴为宜。拌料要求木屑与辅料混合均匀、干湿一致、酸碱度一致，测含水量为50%～58%，pH 6.0～6.5。

（2）拌料设备。在传统的食用菌生产中，原材料的搅拌，一般都是手工操作，有着粉尘多、劳动强度大、搅拌不均匀、工作效率低等缺点（图4-10）。

图4-10　手工拌料

随着机械化程度不断提升，食用菌自动拌料机以其工作效率高、搅拌均匀、方便快捷等优势，被广大耳农接受，它使耳农从笨重的体力劳动中解脱出来。常用拌料机一般有手扶自走式小型拌料机和卧式中型原料搅拌机两种（图4-11，图4-12）。

图4-11　手扶自走式小型拌料机

手扶自走式拌料机，吸收了众多拌料机械的优点，设备平衡灵活、进退自如，拌料效率3～5吨/时。

图4-12　卧式中型原料搅拌机

卧式中型原料搅拌机，优点是自动化搅拌，拌料均匀又省工，适合规模化菌种场，拌料效率8 ～ 15吨/时。

(3) 装瓶（袋）。

①菌种瓶（袋）。菌种容器材质主要有玻璃瓶、塑料瓶和塑料袋3种。

玻璃菌种瓶具有较好的密封性，最早应用在这一领域，但是玻璃菌种瓶成本较高，运输易碎，不适合大规模生产使用（图4-13）。

图4-13　玻璃菌种瓶

塑料菌种瓶多以聚丙烯（PP）材质为主，对于一些需要耐高温的菌种瓶来说，PP材质是上佳的选择，而且PP菌种瓶在密封性和成本方面也不错，因此很多菌种厂家会选择PP菌种瓶进行菌种包装生产（图4-14）。

塑料菌种袋密封性不如其他两种材质，但塑料菌种袋使用方便、成本低、不需要清洗，是目前应用最广泛的菌种容器（图4-15）。

图4-14　塑料菌种瓶

图4-15　塑料菌种袋

②装瓶（袋）。采用手工装瓶（袋）时：如果选用菌种瓶作为容器，可以先将菌种瓶用平铺的方法排放在地面上，然后将拌好的培养料平铺倒到菌种瓶上，用专用工具来回搅动，培养料落入菌种瓶直至装满；如果选用菌种袋作为容器，则将培养料装到菌种袋内。装瓶（袋）要求松紧适宜，可以边装边振动或按压，装到瓶（袋）肩处时压平料面，套环后盖上瓶盖（盖上盖子）。最后将菌种瓶（袋）装筐。如果采用自动装瓶（袋）机，只需要安排工人把装好的菌瓶（袋）装筐送往灭菌柜即可。

③装瓶（袋）设备。南方黑木耳二、三级菌种装瓶（袋）模式最早为手工装瓶（袋）（图4-16），效率约70包/时；之后被装袋机械等设备替代，半自动冲压式装袋机（图4-17）效率约800包/时，效率提升10倍以上。

图4-16 手工装袋

图4-17 半自动冲压式装袋机

（三）灭菌

1.灭菌 装瓶（袋）结束后，要及时灭菌，因为培养料中养分充足，时间久了容易滋生微生物，易使培养料酸化，影响黑木耳菌丝的萌发与生长。如果在高温季节，培养基配置好之后应在4小时内完成装瓶（袋）并上灶灭菌。为了使培养料灭菌更彻底，需要使用灭菌筐或者灭菌架，这样灭菌时能使蒸汽穿透均匀、没有死角。灭菌时间根据不同灭菌设备压力不同而不同。

2.灭菌设备 南方黑木耳二、三级菌种灭菌设备主要分为常压和高压两种。

(1) 常压蒸汽灭菌灶。目前农村一般采用常压蒸汽灭菌灶(图4-18) 灭菌。常压蒸汽灭菌灶可用砖砌成，一般用110厘米口径的铁锅。锅筒方形，规格按需要设计，一般锅筒内容积为2米^{3}左右。锅筒内外要用水泥抹光滑。锅筒内菌棒的摆放方式有两种，一种是在锅筒内用隔板将菌棒分层摆放，层距50厘米，每层隔板上叠放4层菌棒，四周留5厘米的空隙，以利于蒸汽流动和冷凝水回流到锅中。另一种是先用周转筐装菌棒，然后把周转筐堆放在锅筒内，这种方式进出方便，菌棒搬动次数少，可减少破损。灭菌开始时火力要猛，要求在短时间内将锅烧开，以免造成培养料变酸。开锅后要从排气管排出冷气，在开锅时开始计时，要灭菌38小时左右。锅内要经常补加热水，以防烧干锅。灭菌后，待锅内温度降至60℃以下时出锅，将菌棒放在经过消毒、干净、通风、宽敞的场所，井字形排列，使之冷却，同时晾干料袋表面的水分。常压蒸汽灭菌灶优点是成本低，容量大；缺点是灭菌时间较长。

图4-18　常压蒸汽灭菌灶

容量5 000升，可放置4 000包左右，时间38小时，100℃保温28小时。

（2）高压蒸汽灭菌锅。大型高压蒸汽灭菌锅（图4-19）一般采用卧式圆形结构，可根据菌种场要求采购不同尺寸的灭菌锅，外径长度一般3～15米均可。整个灭菌时间约4小时，125℃保温2.5小时，高温、高压、灭菌彻底无死角。高压蒸汽灭菌锅优点是容量大，灭菌时间短；缺点是价格较高，普通家庭作坊难以承受。

高压蒸汽灭菌锅能源方式有采用电源和燃料锅炉两种，电源方式环保节能、无烟、无尘，无需外置锅炉、无需司炉工，能节省费用、减少成本的投入。操作也相对简单，打开罐门装料，装好料后关闭罐门，确认灭菌参数正确后启动灭菌程序，进入自动化运行。当压力达到0.05兆帕时，打开放气阀，排尽冷空气后关闭。整个灭菌程序运行结束后，关闭电源、蒸汽阀门、水阀，待压力降为0时，开门强排蒸汽20分钟后即可出灶。

图4-19 高压蒸汽灭菌锅
容量8 000升，可放置4 500包，时间4小时，125℃保温2.5小时。

（四）接种技术

经过灭菌的菌包，冷却至30℃以下，即可搬入接种室、接种箱或者超净工作台内接种。

1.接种设备设施

（1）接种室。接种室（图4-20）应为高度洁净的无菌区，要求地面平整光洁，墙壁用防水涂料或油漆刷白，便于冲洗消毒。紫外线灯消毒有效距离为1.5米，因此，广大农户一般采用杀菌剂喷雾消毒法。在接种前，先清理接种室内及外围废菌袋、废菌渣及其他杂质杂物，先用喷雾器用清水朝空中喷一遍，使漂浮在接种室空中的尘埃随水滴落在地面；用1%的石灰水或漂白粉水清洗地面；接种前48小时用3 ～ 4克/米^{3}浓度的气雾消毒剂对空间预消毒一次。

图4-20　接种室

（2）接种箱。接种箱是一种无菌操作箱，类似于小型无菌室，是生产常用的接种设备。接种箱的上部装有能启闭的玻璃窗；侧面有2个直径为15厘米左右的圆孔，配备套袖，操作时，可以防止外界杂菌进入；在圆孔外侧设有活动挡板，以便不用或熏蒸时密封，必要时可在箱内顶部安装紫外线灯和日光灯各一盏。由于接种箱的空间小、箱内空气容量少、接种时间长，火焰容易熄灭。因此，可在箱顶两侧开一个直径15厘米左右的圆孔，并用数层纱布覆盖，以便内外空气交换。

接种箱分双人操作箱和单人操作箱两种。单人操作箱（图4-21）常用规格为150厘米×80厘米×70厘米，容量大小约0.8米^3，适合接原种，箱内一次性可放原种60包，接种效率600包/（人·天）。双人操作箱（图4-22）常用规格为170厘米×120厘米×80厘米，容量大小约1.6米^3，适合接栽培种，箱内一次性可放栽培种200包，接种效率1 000包/（人·天）。

图4-21 单人操作箱

图4-22 双人操作箱

2.接种技术 接种前，接种箱内应按每立方米10毫升甲醛溶液＋5克高锰酸钾进行混合熏蒸消毒30分钟。如果选用超净工作台，应先用紫外线灯照射30分钟后再使用，期间风淋一直打开。接种前操作人员的双手和母种试管表面都要经75%酒精消毒，才能进入接种箱内。整个接种过程都要严格进行无菌操作，瓶（袋）口和母种试管口要始终对准酒精灯火焰。接种时，先拔开试管棉塞，再用酒精棉擦拭试管口的内外壁（先擦内壁，由里往外擦拭），并将试管口在酒精灯上灼烧1～2分钟，用灼烧过的接种针（要先冷却，以免灼伤菌丝）挑取1块母种，迅速接入原种培养基，迅速在酒精灯火焰近处盖好盖子。每支母种试管可接原种3～4瓶（袋），整个接种过程要快速准确，以减少杂菌污染的机会。每接完1支母种，接种针都应在酒精灯火焰上灼烧1次，再接另1支母种试管（图4-23）。

图4-23 菌种接种

（五）培养技术

培养室应配置温湿光气调控设备。培养室使用前，要提前2天清理消杀。接种完毕后，将菌包移入培养室内的菌种架上培养（图4-24）。菌种架一般宽80厘米，8 ~ 10层，层与层间隔30厘米以上，密度以250包/米^{2}为宜。培养室温度控制在21 ~ 26℃，空气湿度控制在65% ~ 70%，避光，注意通风换气。

图4-24　菌种培养室与菌种架

①温度。接种后3 ~ 5天，应设置培养室的温度24 ~ 26℃，促使菌丝尽快恢复。随着菌丝生长繁殖，培养料温度比室温高出5 ~ 8℃，此时应设置室温为21 ~ 23℃。

②湿度。培养室湿度不可过高，尤其是高温季节，如果高温高湿会非常有利于杂菌生长。设置培养室湿度为65% ~ 70%，如果培养室空气湿度超过75%，可以用空调除湿或者在地面用撒生石灰的方式除湿。

③避光。黑木耳菌丝生长不需要光线，必须避光培养。尤其是后期，菌丝如果见光，容易形成耳芽，影响菌种质量。

④通风。由于黑木耳是好气性真菌，菌丝生长需要充足的氧气，所以培养室要做好通风换气工作，尤其是后期，随着菌丝的生长，需氧量也更大。

经45天左右培养，菌丝长透袋内的培养料，即发满菌种瓶（袋），就可以转接栽培种；如果暂不使用，需放冷库或冰箱低温贮存（4 ～ 6℃），贮存期不可以超过45天。

四、栽培种（三级种）生产

栽培种是由原种移植到固体培养基上繁殖的菌丝体及其培养基质。栽培种（三级种）生产工艺流程（图4-25）、培养基配方、具体操作和所需设备设施与原种（二级种）生产基本相同。

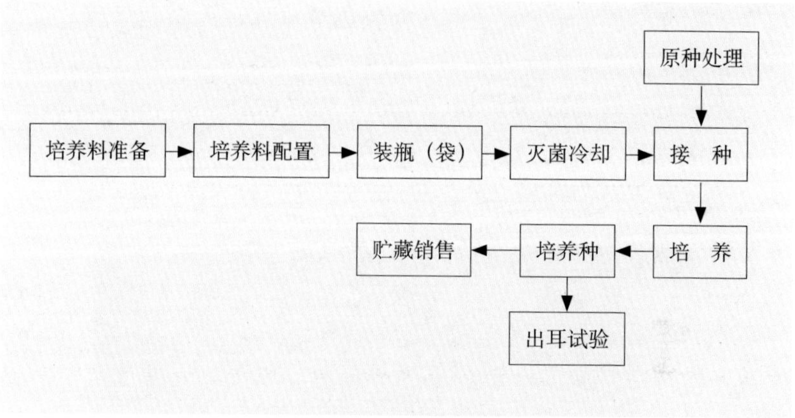

图4-25　黑木耳固体菌种栽培种生产工艺流程

五、菌种质量标准和检测技术

（一）菌种质量感官要求

黑木耳菌种感官要求如下：

①容器完整、无破损、无裂纹。

②塞子或盖子干燥、洁净、松紧适度，能满足透气和过滤杂菌等要求。

③母种培养基的量占试管总容积的1/5 ～ 1/4，斜面顶端距棉

塞40 ～ 50毫米。原种和栽培种培养基上表面距离瓶（袋）口的距离约50毫米。

④母种菌丝长满斜面，整齐浓密、洁白、健壮有力。原种、栽培种菌丝长满菌种瓶（袋），菌丝为白色至米黄色，健壮有力，呈现细羊毛状，菌落边缘整齐。

⑤母种菌种从正面看，菌丝平贴培养基生长，均匀、平整、无角变，菌落边缘整齐、无杂菌菌落；从斜面背面看，培养基不干缩、无脱壁，培养基中有菌丝体分泌的黄褐色色素。原种和栽培种培养基色泽均匀，菌种紧贴瓶（袋）壁、无干缩（栽培种可略有干缩），允许有少量无色至棕黄色清水珠，无杂菌菌落，无拮抗现象，无角变（图4-26）。

⑥原种允许有少量胶质、琥珀色颗粒状耳芽；栽培种允许有少量浅褐色至黑褐色胶质耳芽。

⑦有黑木耳菌种特有的菌香味，无酸、臭、霉、烟等异味。

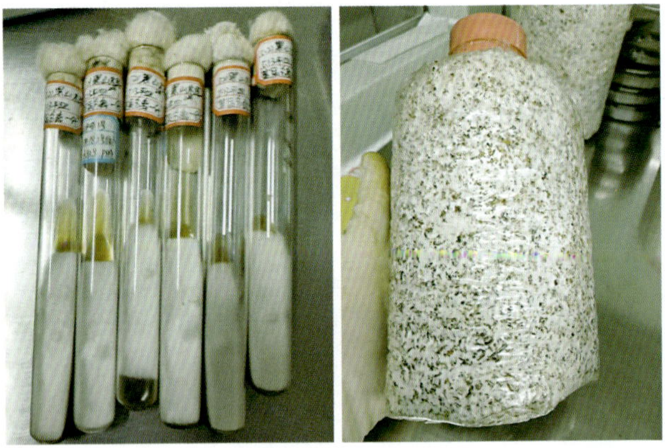

图4-26　优质菌种

（二）菌种的真实性检测

可以通过菌丝生长情况和成熟菌种在适宜温度、光照刺激下是否形成耳芽来判断是否为黑木耳菌种，但一定要安排出耳试验来鉴别菌种的真实性。菌种场在菌种应用于生产之前必须进行出耳试验，以防止错种和出耳异常现象发生。

（三）菌种质量的实验分析检测

1.显微镜下观察 挑取少量菌丝置于载玻片水滴上，盖上盖玻片，在显微镜下观察菌丝形态。黑木耳菌丝应为透明，呈分枝状，有横隔，能找到明显的锁状联合。

2.霉菌检测 将制作好的试管菌种，放入25℃培养箱内进行培养，观察菌丝生长情况。通过肉眼观察，从培养好的试管中随机抽取一根试管，按无菌操作接种于PDA培养基斜面或平板上，26℃ ±2℃培养5 ~ 7天，观察培养基中是否长出霉菌。

3.细菌检测 从抽取的试管中取少量培养物，应按无菌操作接入GB 4789.28—2013规定的营养肉汤培养液中，25 ~ 28℃振荡培养1 ~ 2天，观察培养液是否混浊。如果培养液混浊，为有细菌污染；如果培养液澄清，为无细菌污染。

4.菌丝生长速度检测 将需要检测的菌种与标准对照菌种接入新的试管培养基，设置适宜的条件培养。如果菌丝生长速度正常、整齐浓密、健壮有力，则说明是优质菌种；如果菌丝生长明显慢于或者快于对照菌种，菌丝稀疏无力、参差不齐，则说明是劣质菌种。

5.耐高温能力检测 将需要测试的菌种与标准对照菌种接入新的试管培养基，设置适宜的条件下培养5 ~ 7天后，分别取部分菌种放置于33℃环境下培养，24小时后再放回适宜温度下培养。如果测试菌种的菌丝正常生长，与对照菌种一致，则说明耐高温能力较好；如果菌丝不能正常生长，则说明耐高温能力较差。

6.吃料能力检测 将需要测试的菌种与标准对照菌种接入原种培养基，设置适宜的条件培养，5 ~ 7天后观察菌丝生长情况。如果吃料萌发快，与对照菌种一致，则说明吃料能力较好；如果吃料萌发慢，则说明其对培养基的适应能力差，吃料能力较差。

7.出耳试验 将菌种接到常规培养基上，置于常规条件排场出耳，以检测生育期、农艺性状、产量和抗逆能力。一般在大面积推广之前要通过该地区高、中、低海拔区域的中试试验方可推广。

第二节 液体菌种生产

黑木耳液体菌种是指在液态培养基培养的菌丝体。与固体菌种相比，液体菌种明显缩短了生产周期，纯度更高，但液体菌种生产设施设备的投入更大，对环境控制、操作技术要求更高，一般适用于专业的、规模化的养菌中心和工厂化食用菌生产企业。南方黑木耳液体菌种生产处于高温季节，因此在厂房规划设计、设施设备配置和生产技术要求与北方存在诸多不同。

一、环境条件要求

黑木耳液体菌种生产多数是工厂化生产为主，对环境要求较高，液体发酵室和接种室应该按照GB 50073—2013洁净厂房设计规范执行，按照液体菌种生产流程合理布局，无菌区、缓冲区和普通区要隔离开，并应同时满足下列要求：

①应符合NY/T 5010—2016规定，且地势平缓，通风向阳，排灌方便，环境清洁；②有充足水源和电源，生产供水水质应符合GB 5749—2006规定；③场地周边300米之内无白蚁等虫害发生，无规模养殖场、垃圾场和粪便堆积场，无污水、废气、废渣、烟尘和粉尘等污染源。

二、基础设施

菌种制作室、灭菌室、无菌净化车间、智能培养室、发酵罐培养室、冷却室、接种室、空气净化系统、排水控温系统、外界进入无菌室的缓冲车间。

三、工艺流程

见图4-27。

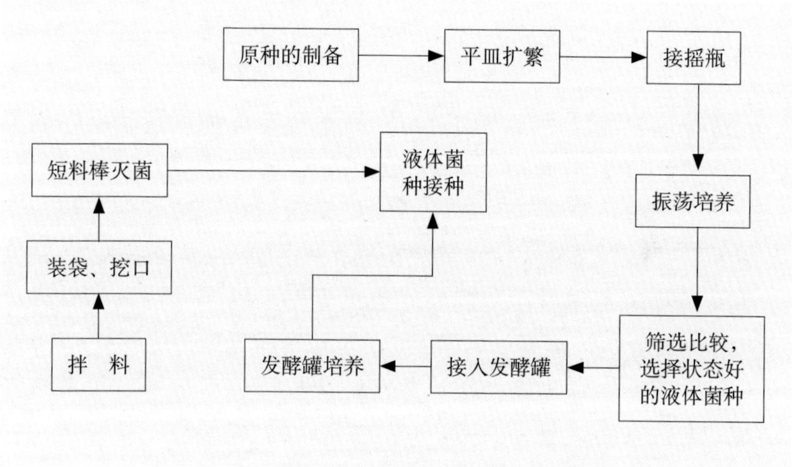

图4-27　黑木耳液体菌种生产工艺流程图

四、试管菌种制备

试管种生产、检测方法与固体菌种母种（一级种）相同，详见第四章第一节。

五、培养皿菌种制备

培养皿菌种的生产设备及工具：恒温培养箱、高压蒸汽灭菌锅、电磁炉、天平、解剖刀、镊子、酒精灯、培养皿、三角瓶、纱布等。

培养皿菌种的生产，是为了液体菌种的制备而进行的扩大培养，即试管种转接到培养皿内。首先要将母种（试管种）进行活化，再进行母种转管，最后进行继代母种培养皿扩繁。

1.母种活化 将母种从培养箱内取出后，放置于24 ~ 26℃恒温培养箱内静置避光培养24小时，待菌丝恢复后，再进行转管。

2.母种转管 将接种钩、空白斜面培养基、酒精灯、酒精棉、置物架等用75%酒精先擦拭一遍，放入超净工作台内，开启紫外线灯和空气净化系统，杀菌30分钟后关闭紫外线灯。双手戴乳胶手套，用酒精消毒，注意手腕不外漏。对置物架、接种工具等先用酒精喷灯消毒，冷却备用。用一只手拿起母种试管和空白斜面试管，另一只手小拇指、无名指和中指分别夹住塞子用力拔出，同时拇指和食指拿起接种钩，将两只试管口在酒精灯外焰烧一下灭菌后不远离酒精灯火焰，保持距离5 ~ 8厘米，将接种钩慢慢伸进母种试管内，注意尽量避免碰触试管壁，用接种钩去掉母种试管内的气生菌丝，再将试管斜面2/3处的培养基划分为0.3 ~ 0.5厘米见方的母种块。用接种钩钩住菌种块慢慢移出母种试管并将其转接入空白斜面试管，放置于斜面中心处，慢慢移出接种钩，将塞子和接种后的斜面试管过一下酒精灯外焰后迅速盖紧。将继代母种放置于恒温培养箱内，于24 ~ 26℃避光培养7 ~ 9天，待菌丝长满试管斜面后，转接培养皿进行扩繁。

3.继代母种培养皿扩繁 待继代母种长满2/3试管斜面后，取出，转接培养皿进行扩繁。操作按照母种转管方法。一般1根继代母种转接3个培养皿，放置于恒温培养箱内24 ~ 26℃避光培养7 ~ 9天，待菌丝长满后待用（图4-28）。

其检测方法同试管种相同，详见第四章第一节。

图4-28 黑木耳培养皿菌种

六、摇瓶液体菌种制备

摇瓶液体菌种指装在玻璃三角瓶内，于摇床上恒温振荡培养的液体菌种。摇瓶液体菌种为黑木耳扩大生产做准备，将培养皿菌种转接到装有液体培养基的摇瓶内进行扩繁培养，得到黑木耳摇瓶液体菌种。

1.培养基配制

（1）摇瓶培养基推荐配方。去皮马铃薯200克、麸皮30克、葡萄糖25克、蛋白胨25克、磷酸二氢钾2克、硫酸镁2克、维生素B_1 0.01毫克，加纯净水至1 000毫升，pH自然。

（2）摇瓶培养基配置。按配方称取材料。马铃薯去皮（无芽、无青绿色）切成（1～2）厘米×（1～2）厘米的小块，同麸皮一同放入电磁炉锅内，加入适量清水，煮到马铃薯熟而不烂，用140目筛过滤掉麸皮和马铃薯留上清液，加入葡萄糖、蛋白胨、磷酸二氢钾、硫酸镁、维生素B_1等，用玻璃棒搅拌均匀后，倒入量筒定容至1 000毫升，再分装到1 000毫升摇瓶内，每个摇瓶装600毫升，最后向每个摇瓶内放入1颗转子后用塞子封口，再用封口膜封口，按照常规高压蒸汽灭菌操作，设置湿度121℃，灭菌30～40分钟，待高压锅压力降为0、温度降至60℃以下取出，灭菌后的摇瓶液体种培养基放置于恒温培养箱内培养48小时，观察确定无浑浊、无异味后，可用于接种培养。

2.接种技术　将灭菌后的培养基放进超净工作台，将打孔器、酒精喷灯、酒精灯、酒精棉、接种钩、镊子、试管架等接种用工具一同放入超净工作台，开启紫外线灯和空气净化系统，灭菌30分钟后，关闭紫外线灯。将双手戴上乳胶手套，再用酒精消毒，打开酒精喷灯，将接种工具统一进行灼烧消毒，冷却备用。点燃酒精灯，打开培养皿菌种，用接种铲刮掉气生菌丝，用打孔器沿着培养皿周围向下垂直按压打孔。打开摇瓶封口膜，在酒精灯外焰区，用接种钩挑取6块直径大小为5毫米的菌种块转移到摇瓶内，迅速封口，贴标签纸，做好记录。

3.培养技术　接种好的摇瓶，一只手握住摇瓶瓶身，一只手握住摇瓶颈部，将摇瓶稍微倾斜，先将平底的一个圆点放入摇床固定器内，再向斜下方用力将摇瓶塞进固定器内，注意双手要握紧摇瓶，用力的同时，要保证菌种液不要摇晃沾到橡胶塞，避免造成污染。将摇床培养温度设置为24～26℃，转速140～160转/分钟，用报纸或遮光纸将摇床观察窗口遮挡光线，打开开关进行振荡培养（图4-29）。

图4-29　摇瓶菌种振荡培养

七、发酵罐液体菌种制备

发酵罐是用来发酵培养液体菌种的专用设备，也称发酵反应器，要求不锈钢材质，符合GB 150—2011要求。

1.生产设施设备　一般黑木耳发酵罐种的制备需要如下生产设施设备：空气过滤系统、通气系统、制冷系统、发酵罐、磁力搅拌器、酒精喷灯等。

空气过滤系统在使用前要拆分检查滤芯，要求没有油污、料污、杂菌污染，无破损，外壳及内外壁要求洁净无污染。滤芯在额定的通风量下，对粒径0.1～0.2微米的微粒过滤效率达99.99%，空气阻力达280帕。

发酵罐在使用之前要进行检查，包括全部阀门、安全阀、压力表等要求完好无损可正常运转。对罐体内外进行冲洗，冲洗要求无死角，内壁不存留任何培养物。如果长时间不用或初次使用的发酵罐以及更换品种时，在使用之前须进行煮罐和空消。内部含有加热棒的发酵罐，罐体加80%水量，121℃维持40分钟，用外源蒸汽灭菌的发酵罐，蒸汽压力0.1 ~ 0.12兆帕，121 ~ 124℃维持40分钟。

2.培养基制作　发酵罐培养基推荐配方：玉米粉8.40千克，黄豆粉8.00千克，红糖5.00千克，蛋白胨1.20千克，硫酸镁0.27千克，磷酸二氢钾0.54千克，水800升，pH自然，根据所需加入一定量消泡剂。先将配制好的培养基材料加水搅拌混合均匀，注意不能有结块，用漏斗通过上料口，将原料加入罐内，注意培养基投料总量不超过罐体容量70% ~ 80%，装好后通净化空气1 ~ 2分钟，将其混合均匀，拧紧发酵罐进料口阀门。

3.灭菌　生产上常用电源加热发酵罐，按照高压蒸汽灭菌操作方法，将发酵罐加热层通入冷水，水位要低于排水口20厘米，关闭进水、排水阀门。打开氧气阀门，设置压力0.1兆帕。连接蒸汽管道，打开蒸汽阀门，给罐内加温，罐内温度达到90 ~ 95℃时关闭氧气阀门。罐内温度加热到123 ~ 125℃时关闭蒸汽阀门，同时关闭出气阀门，罐内压力为0.13 ~ 0.15兆帕，开始计时灭菌保压，罐体下面三通蝶阀排料1 ~ 2次，灭菌保压时间是80 ~ 90分钟。灭菌保压期间罐内温度降到122℃时再次打开蒸汽阀门和出气阀门，让温度达到125℃即可。

4.接种　接种全程在无菌室内进行操作。首先将培养好的摇瓶液体菌种放在磁力搅拌器上搅拌碎种（图4-30），于180转/分钟搅拌1小时后再静置20分钟，进行转接发酵罐。将发酵罐内液体培养基进行冷却降温，降温过程要打开进气阀和排气阀。待发酵液冷却到25℃以下，方可进行接种。接种前，在发酵罐旁边放置一个装有培养基的培养皿，打开盖子，接种结束后密封好，放恒温培养箱培养，用于监测接种过程空气中有无杂菌。接种时，将

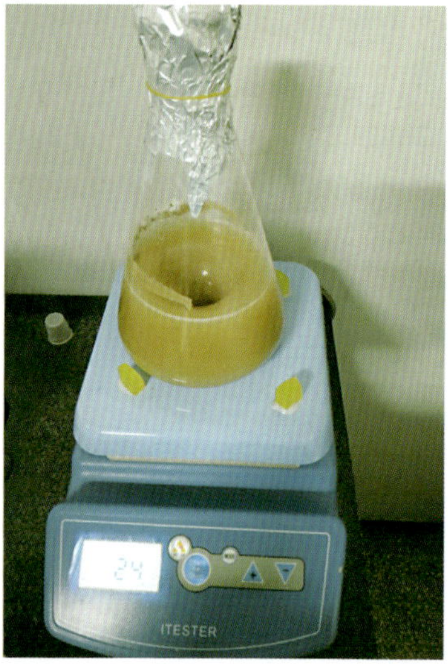

图4-30　碎种

发酵罐进气阀和排气阀都关闭，松动发酵罐上面安全栓，再将发酵罐接种口用酒精棉擦拭，最后用酒精喷灯进行灭菌，一般灭菌时间15分钟左右。接种工具用酒精喷灯进行灭菌，再取一块酒精棉，围绕在发酵罐进料口周围，点燃酒精棉，打开发酵罐盖子。在火焰上将摇瓶口灼烧后，将摇瓶液体菌种倒入发酵罐内，盖好发酵罐，将螺丝旋紧，接种完毕。剩余少量摇瓶液体菌种盖好盖子带回超净工作台，取出3～5滴滴入提前灭菌好的装有培养基的培养皿内，进行摇瓶液体菌种的纯度测试。

5.培养　接种好的发酵罐放入养菌室内进行发酵培养。打开发酵罐进气口阀，同时打开排气阀，通气压力速度调节到0.5兆帕/小时，设置温度为22～25℃，通气培养5～7天（图4-31）。

图4-31　黑木耳液体菌种发酵罐培养

八、液体菌种检测技术

摇瓶和发酵罐液体菌种的检测，可通过传统的检测方法，即通过观察菌丝形态、闻发酵液气味、检测二氧化碳浓度、测量菌丝体生物量和发酵液的pH等方法来判定液体菌种菌丝活力。

1.摇瓶液体菌种检测

(1) 感官检测。在摇瓶培养期间，要定期观察摇瓶液体菌种是否污染杂菌。用手电筒照射摇瓶底部，此时菌丝体即可看得更清楚。如果是正常菌丝体，则摇瓶培养液澄清无浑浊，菌丝体向外呈伸展状态，菌丝球大小均匀，无断落菌丝，可初步判定该液体菌种可用（图4-32）；如果菌丝体短而弯曲，菌丝断落，则该液体菌种开始老化溶解，不能使用。

图4-32 摇瓶液体菌种

（2）试验检测。将感官检测正常的摇瓶液体菌种转接到PDA培养基内进行培养检测，25 ～ 28℃恒温培养48小时，培养皿内无杂菌落，菌丝体可正常萌发，则摇瓶液体菌种可以使用。

2. 发酵罐液体菌种检测

（1）感官检测。①目测。发酵罐液体菌种可通过发酵罐上的透明观察窗定期观察菌丝体形态，前两天主要观察培养液的澄清度，培养液若出现浑浊，则该发酵罐液体菌种已污染，不可使用。第3天开始发酵罐内开始呈现小米粒大小的菌丝球，随着培养时间的增加，菌丝球越来越大，培养到第5天时，用手电筒照亮观察窗处，此时可以清楚观察到菌丝球向外延展的状态，菌丝球大小均匀，断落菌丝体较少，发酵液澄清无浑浊。第5 ～ 6天，显微镜下可以观察到黑木耳菌种液体培养中特有的菌丝形态。②鼻闻。通过鼻闻排气口的气味，第1 ～ 2天基本是发酵液的味道，第3 ～ 4天可以闻到黑木耳菌丝特有的香味；若发酵罐已染菌，则会闻到刺鼻的特殊酸臭味，即可判定该发酵罐不可使用。第5 ～ 7天，气味清香，则判定液体菌种发酵液发酵完成。

（2）发酵终点检测。①二氧化碳浓度检测。微生物主要有4个生长时期，即延滞期、指数期、稳定期和衰亡期，各个时期微生物的新陈代谢速率不同，生长过程中所产生的二氧化碳浓度不同，新陈代谢越旺盛，二氧化碳浓度会越高，相反会越低。一般指数期的微生物新陈代谢速率呈指数增长，故消耗的能量也会增加，产生的二氧化碳会大大增加，发酵液质量也会呈指数降低；稳定期微生物生长速率为0，新陈代谢稳定，二氧化碳变化率减少，发酵液质量变化达到最低值；衰亡期菌丝体自溶，微生物量明显减少，新陈代谢速度明显减少，产生二氧化碳浓度减少，发酵液质量变化明显增加。根据排气口二氧化碳测定值的变化，可以判断黑木耳发酵罐菌种发酵是否到达终点。②液体菌种活性检测。取待测菌液、pH8.4的Tris-HCL缓冲液和TTC溶液各400微升至离心管中，于37℃反应3小时，反应完成后立即将样品放置于冰盒上，4℃离心再水洗2次。在离心后的细胞沉淀中加入1毫升无水乙醇萃取剂，室温下从细胞中提取TF，12 000转/分钟离心5分钟后取上清液0.7毫升在紫外分光光度计上，测定波长485纳米的吸光度。此方法可以用作退化菌株与正常菌株的鉴别。

第五章　南方黑木耳生态高效生产模式

第一节　生产季节安排和原料准备

一、生产季节安排

（1）制棒季节安排。根据黑木耳的生物学特性及南方地区的气候特点，秋季栽培制棒接种期一般安排在7—9月，当气温低于30℃时接种。不同地区可根据海拔高度不同适当提前或推后接种。一般海拔高度300米以下地区，安排在8月下旬至9月上旬制棒接种；海拔高度300～600米地区，安排7月下旬至8月中旬制棒接种；海拔高度600米以上地区，安排在7月上旬至7月下旬制棒接种。为了争取在最适宜的时间制棒和排场，一般生产早的菌棒，接种时接3穴，生产迟的菌棒接4～5穴。

（2）排场季节安排。海拔300米以下地区，选择在10月中下旬排场，海拔300～600米地区选择在9月下旬以后排场，海拔600米以上地区，选择在8月下旬至9月中旬排场。此外，根据品种特性适当调整排场时间。

二、原辅料准备

（一）筒袋

选用高密度低压聚乙烯筒袋，白蜡状、半透明、柔韧性和抗张性好。规格：长棒一般选用折径（14.8～15）厘米×(53～55)

厘米，厚度5.5丝*；短包选用折径（8.0～8.5）厘米×(36～37.5)厘米，厚度5丝。

（二）基质原料

1.杂木屑　栽培黑木耳应选择除松、杉、樟、桉、木荷等含油脂、芳香刺激性气味及有毒树种外的阔叶树，以壳斗科、桦木科、胡桃科、漆树科、金缕科、杜英科等树种为宜。南方地区如有修剪下来的桑枝、梨枝、桃枝、葡萄枝等果树枝条，也可以变废为宝，充分利用。建议选用多树种混合，有利于提高产量。边材丰富的幼林树枝比中老龄要好，南方地区一般以树龄4～8年、直径3～10厘米为好。用粉碎机将树枝粉碎成木屑，木屑要求粗细混合使用，木屑大小以3～5毫米，厚1～2毫米为佳，可以加入一定比例的细木屑，粗细搭配比例为2∶1。如果木屑过粗，不仅容易刺破筒袋，且使培养基过于疏松，不利于菌丝生长；如果木屑过细，容易造成菌丝缺氧，导致发菌缓慢。

2.麦麸　麦麸是黑木耳培养基配方中最主要的辅料，能改变培养基中碳氮比，促进黑木耳菌丝对培养基中木质纤维素的降解和利用，提高生物学效率。且有麦麸的培养基发菌速度快，出耳也快，可避免杂菌的侵害。麦麸以中粗、红麸皮为好，麦麸要求新鲜、不结块、无霉变，应储存于低温、干燥（仓库相对湿度在70%以下、原料含水量降至12.5%以下）条件下，高温季节随买随用。同时，要谨防假冒伪劣麦麸。

3.米糠　米糠分为谷糠和米皮糠。谷糠指的是谷壳在内的大米加工下脚料，米皮糠是指稻谷去壳后加工大米的米皮下脚料，二者是黑木耳培养基配方中的辅料之一，可以替代部分麦麸。米皮糠的蛋白质、脂肪含量均高于麦麸，用米皮糠配制黑木耳培养基，可以满足黑木耳菌丝对营养的要求，并增加培养基的透气性。米糠要求新鲜、无螨虫、无霉变，和麦麸一样，应储存于低温、

*　1丝=0.01毫米，下同。——编者注

干燥条件下。

4.棉籽壳 棉籽壳营养丰富、质地松软、吸水性强，是黑木耳培养基配方中常用的辅料之一。棉籽壳形状不规则，有残留的棉花纤维素，颗粒空间大，培养料通气性好，有利于菌丝的发育；其本身的pH较高，呈碱性，可以抑制霉菌的生长，减少杂菌的危害。但纯棉籽壳栽培黑木耳，容易引起菌丝的徒长，不易转入生殖生长。所以，只能替代杂木屑量的5%～20%，以5%～10%最佳。棉籽壳要选用新鲜、颗粒大、棉绒多、色灰白的。如颜色呈铁灰、绒少、壳细碎、棉籽仁过多者，由于其中含有的游离棉酚较多，会抑制菌丝生长，导致发菌不良和污染，并使毒素积累于耳片中。棉壳要求提前1～2天用1%石灰水预湿堆积处理，否则容易造成干热灭菌不彻底的现象。

5.玉米粉 玉米粉是黑木耳培养基配方中常用的辅料之一，它的作用是增加培养料的碳源和维生素。玉米粉要求越新鲜越好，高温季节应少用或不用，且养菌室应注意通风，避免烧菌。

6.豆粕粉 豆粕粉也是黑木耳培养基配方中常用的辅料之一，其蛋白质含量高，主要补充培养料的氮源。近几年麦麸价格上涨，考虑经济成本，可添加2%豆粕粉，适当减少麦麸添加量。与玉米粉一样，豆粕粉也是越新鲜越好，高温季节应少用。

7.可溶性糖 生产上常使用的是蔗糖，作为黑木耳培养基中的一种有机碳源，有利于菌丝恢复和生长。黑木耳菌丝在接种时断裂损伤，而刚接入培养料时还不能分解吸收木屑营养成分，这时，可溶性糖最容易被吸收利用，使菌丝生长更加迅速旺盛。因此，在培养基中添加0.5%～1.0%的可溶性糖，有利于菌丝早吃料早定殖。但如果糖的比例太高，其中水分中的溶质使菌丝细胞外的水势低于细胞内的水势，致使细胞内的水向外渗透，造成菌丝失水，不利于菌丝的新陈代谢活动，菌丝长势不好。南方黑木耳生产季节气温较高，一般不用。

8.石膏　石膏的主要化学成分为硫酸钙，可提供钙、硫等元素，可用于调节培养基pH。生熟石膏均可，要求细度为80 ～ 100目，纯度观察测定色白，在阳光下观察有闪光。

9.碳酸钙　碳酸钙，弱碱性，可调节培养基pH。尤其是气温较高的季节配制培养基时，添加1%～ 2%的碳酸钙，可以防止培养料酸败。若无碳酸钙成品，可取石灰石（主要成分氧化钙）粉碎代用。或使熟石灰（主要成分氢氧化钙）和空气中二氧化碳作用，生成碳酸钙，测其溶液pH超过8即可使用。代料黑木耳生产中一般以碳酸钙替代石膏。

第二节　南方黑木耳生态高效生产技术

一、黑木耳固体长棒生态高效生产技术

（一）培养基推荐配方

配方1：杂木屑83%、麦麸15%、碳酸钙2%。含水量50%～ 55%，pH5.0 ～ 6.5。

配方2：杂木屑87%、麦麸10%、豆粕粉1%、碳酸钙2%。含水量50%～ 55%，pH5.0 ～ 6.5。

配方3：杂木屑85.5%、麦麸10%、玉米粉2.5%、碳酸钙2%。含水量50%～ 55%，pH5.0 ～ 6.5。

配方4：杂木屑79%、麦麸5%、砻糠10%、棉籽壳5%、碳酸钙1%。含水量50%～ 55%，pH5.0 ～ 6.5。

配方5：杂木屑72.5%、麦麸15%、棉籽壳10%、红糖1%、碳酸钙1%、石灰0.5%。含水量50%～ 55%，pH5.0 ～ 6.5。

未添加红糖的，可每1 000棒加1包“丰优素”或“菇耳丰”。

培养基中如果氮源高，则产量较高，但是培养时菌丝生长速度快，若没有做好通风降温工作易烧菌，导致污染率升高。生产

上应结合当地资源情况和养菌条件，合理选择适合自己的配方。

（二）培养基配制

1. 备料 袋料黑木耳生产季节性强，制棒应提前备好所需原辅材料，塑料筒袋和杂木屑需在生产前1个月备好，不易保存的麦麸和糖等也应提前7 ~ 10天准备好。

2. 配料 综合原辅材料的取材、运输、价格等因素，选择一个适合自己的配方，按照参考配方称取各种原辅材料。杂木屑用量大，且含水量不一致，可以用标准箩筐或者标准编织袋量取木屑，再用装袋机试装，得出每筐或者每袋木屑可装的菌棒数量，换算好每灶需要的筐数或者袋数以及其他原辅材料量。

3. 拌料

（1）机械拌料。称好所需原辅材料的重量或用容器量好体积，依次倒入搅拌机，加适量水，充分搅拌均匀。用水量换算成固定的时间，每次设定好加水时间。

（2）人工/半机械拌料。先将麦麸、玉米粉、豆粕粉、碳酸钙等含水量低的辅料搅拌均匀，把木屑堆成山形，将混合好的辅料从顶端均匀撒开，然后将干料拌匀。如果添加红糖，先将糖溶于水，将糖水倒入干料中。如培养料中有棉籽壳的，要求提前1 ~ 2天用1%石灰水预湿堆积处理，捞出后沥干表面水分待用。操作上先将干料混合拌匀，再加入浸湿的棉籽壳拌匀。

培养料含水量应控制在50% ~ 55%，筒袋规格14.7厘米 × 53厘米的菌棒，每支重量为1.5 ~ 1.7千克，重于1.7千克的含水量偏高，轻于1.5千克的含水量偏低。

要求当天拌料、当天尽快装袋上灶灭菌，严禁头一天拌料第二天装袋，或者头一天拌料没装完第二天继续装袋，这样易发生培养料酸败现象。培养料酸败的后果是：接种后容易出现成活率低、杂菌感染严重、发菌慢、排场阶段菌棒出黄水等不良现象，最终导致产量低、质量差。拌料要求木屑与辅料混合均匀、干湿一致、酸碱度一致。建议各农户采用机械拌料，省时省工又均匀。

4.装袋　装袋机设备有单体装袋机和拌料装袋一体机，随着生产技术的进步，产品也在不断更新，单体装袋机主要有简易装袋机、半自动装袋机、普通型自动扎口装袋机、智能型自动扎口装袋机、智能全自动装袋机等设施设备。拌料装袋一体机主要有简易（人工套袋人工扎口）流水线、半自动（人工套袋自动扎口）流水线和全自动（自动套袋自动扎口）流水线等设施设备。

(1) 简易装袋机。简易装袋机（图5-1）最早应用于20世纪80年代，当时机械化程度低，菌棒集约化加工厂几乎没有，简易装袋机在农村制作菌棒中被广泛应用。该设备操作简单，价格便宜，农户之间可共用，每天可装袋约6 000棒，缺点是劳动强度大、耗工。在农村黑木耳制棒季节，农民经常采取换工方式来降低生产成本。

图5-1　简易装袋机

采用简易装袋机装袋时，将菌袋未封口的一端抿开，套到装袋机出料口的套筒上，右手紧托，左手卡压住套筒上的袋子，当料从套筒输入筒袋内时，右手顶住袋头并紧压，使料装紧实，此时左手顺其自然后退，当装料接近袋口6厘米处时，即可停止装料取出竖立。装袋松紧度以人中等力抓住培养袋，菌袋表面有轻凹陷指印为佳。如果有凹陷感或料袋有断裂痕说明太松；如果似木棒，很硬，无凹陷则太紧。装袋一定要装匀、装实、装紧。如果装得过松，发菌后期出现袋壁分离现象，导致袋壁耳出现；如果装得过紧，容易出现因缺氧而发菌过慢的现象。

手工扎口：按装量要求增减袋内培养料，一般料棒长43厘米左右，左手抓袋口，右手将袋内料压紧，用手轻轻拍打料袋口，清除黏附在袋口内外的培养料，收拢袋口旋转至紧贴培养料，用纤维绳扎绕3圈，将袋口折回再绕2圈后从折回的夹缝中再绕2圈拉紧系紧即可。

机械扎口：按装量要求增减袋内培养料后，一只手收紧袋口，卡在扎口机上，另一只手按下拉杆，即扎上卡扣，省时省工。

注意：在上灶之前要配备专人挑拣有破损的料棒，贴上胶布。可用浸水法辨破口，即将菌棒浸入水中，如有气泡冒出则冒气泡处有破口，要贴上胶布，防止接种后杂菌感染。

简易装袋机由于装袋紧实度受人工顶料的力度影响，容易导致装袋紧实度不均匀，且效率低、装料时间长，往往由于风干或水分下渗等原因，使堆料的上部或四周表面一层培养料含水量偏低，堆料中间和下部的培养料水分偏高，需重新搅拌，不仅费工，而且装袋时间久，容易出现培养料酸败。自动化装袋机的出现，很好地解决了这个问题。

(2) 半自动、全自动装袋机。随着机械化程度的提高，半自动装袋机出现，再到后来的自动装袋扎口一体机和全自动生产流水线，机械设备功能不断完善，工作效率越来越高，装袋越来越紧实、均匀，菌棒质量越来越好。建议农户结合自身条件，合理选择购买机械设备，也可以2 ~ 3户农户合买2 ~ 3台装袋扎口一体机或者合买1套全自动生产流水线，到了生产季节轮流使用。

①第一代半自动装袋机。人工套装出料，出料松紧均匀，生产效率为800 ~ 1 000棒/时（图5-2）。

②第二代半自动装袋机。由电磁阀、气缸、感应器组成，生产效率800 ~ 1 000棒/时（图5-3）。

③普通型自动扎口装袋机。由电磁阀、气缸、感应器组成，人工套袋、自动扎口一次完成，生产效率800 ~ 1 000棒/时（图5-4）。

图5-2　第一代半自动装袋机

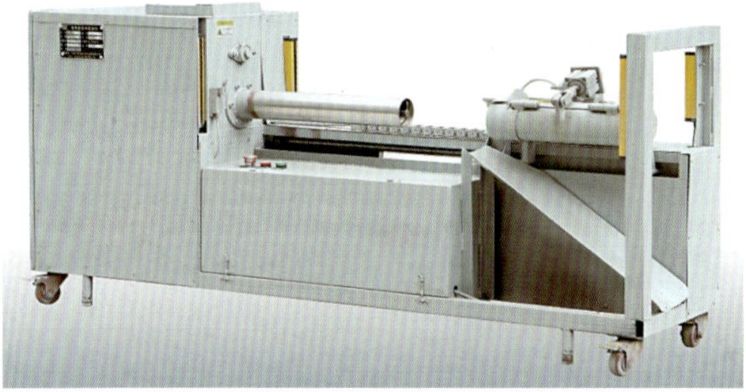

图5-3　第二代半自动装袋机

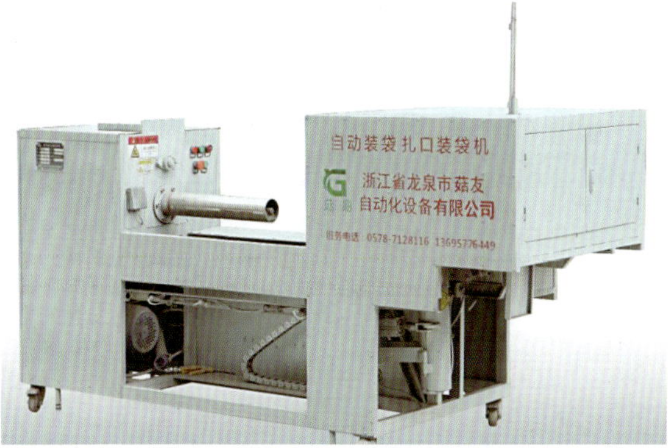

图5-4　普通型自动扎口装袋机

④智能数字化装袋机。采用高精度驱动编程控制，人工套袋、自动扎口一次完成，装袋长短松紧均在显示屏上数字操作，故障播报、排除也在显示屏上操作，生产效率600 ～ 800棒/时（图5-5）。

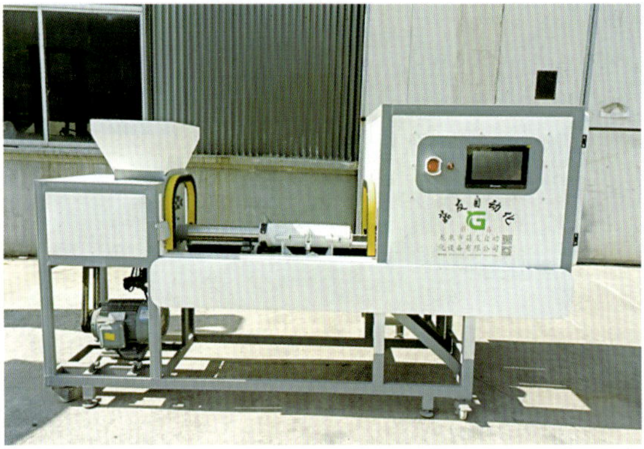

图5-5 智能数字化装袋机

⑤智能全自动装袋机。采用智能数字化高精度驱动编程控制，全自动免割袋，套袋、装袋、扎口一次完成，能有效控制装袋长短、松紧和生产数量，参数直接显示在显示屏上，长短、松紧、故障播报和排除全在显示屏上操作，生产效率600 ～ 800棒/时（图5-6）。

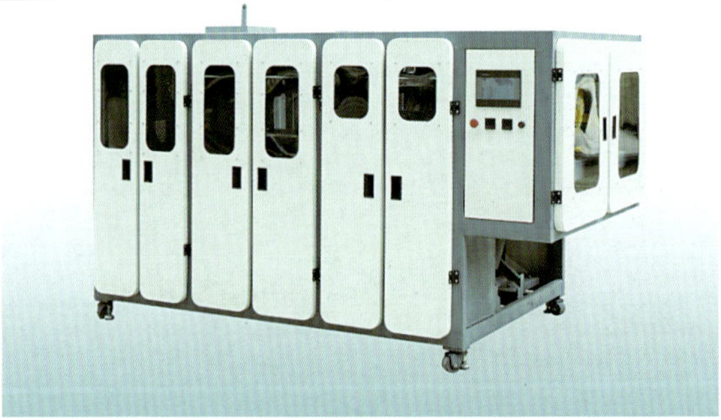

图5-6 智能全自动装袋机

（3）菌棒生产流水线。

①简易流水线设备。无需人工拌料，将原料按重量或体积比例备好后，依次倒入拌料机内，搅拌充分后自动输送到装袋机内。装袋机一般设有4个机头，每个机头由1人负责手工套袋，2人负责扎袋，1人负责人验棒装框，加上拌料1人和装车1人，该流水线（图5-7）设备共需18人，可装袋3 200棒/时，一天可装袋3.2万棒，显著提高了生产效率，适合集约化菌棒加工厂生产。该设备在菌棒加工厂发展初期比较受欢迎。

图5-7　简易（人工套袋人工扎口）流水线

②半自动流水线设备。自动拌料，人工套袋，但可以自动扎口，每个机头可节约2个人工。该流水线（图5-8）设备设有5个机头，每个机头由1人负责套袋，1人负责验棒装框，加上拌料1人和装车1人，共需12人。可装袋4 000棒/时，一天可装袋4万棒以上，相对于简易流水线设备可节约6人。

③全自动生产流水线设备。根据生产需要和场地大小可设置4～8个机头，以浙江省龙泉市集约化菌棒加工厂为例，一般设置6个机头，无需人工套袋和扎口，每台设备只需2人负责验棒和装框，加上拌料1人和装车1人，共需4人即可，可装袋3 600棒/时

（每个机头装袋600棒/时，效率低于半自动装袋机），一天可装袋3.6万棒以上，相对于半自动流水线设备可节约8人。全自动生产流水线（图5-9）设备目前已被广泛应用到南方地区集约化菌棒加工厂，不仅有效降低了人工成本，还显著提高了生产效率，提升菌棒加工厂产能，促进菌棒加工厂转型升级。

图5-8　半自动（人工套袋自动扎口）流水线

图5-9　全自动（自动套袋自动扎口）生产流水线

全自动装袋流水线整机由拌料机、螺旋上料机、分料机、装袋机、输送机、电器控制柜等组成。具有生产效率高、装袋稳定、速度均匀、稳定性好、使用方便等特点，适用于中等规模以上食用菌合作社、大中型工厂化食用菌生产企业使用。采用智能编程控制，自动上料、拌料、加水等使培养料更均匀。装袋机采用高精度伺服的驱动编程，全自动免割袋，套袋、装袋、扎口一次性完成，能有效控制并显示装袋长短、松紧，直接显示生产数量。机械故障播报、排除在显示屏上一目了然，操作简单、使用方便。

5. 灭菌

(1) 常压灭菌。装袋完成后，要马上安排灭菌。固体长棒灭菌设施设备常用的有常压灭菌和微压（105 ~ 110℃）灭菌两种。目前，农户一般采用常压灭菌。常见的常压灭菌灶有塑料薄膜灶、水泥砖砌灶和铁灶（不锈钢灶）等。

①塑料薄膜灶。塑料薄膜常压蒸汽灭菌灶（图5-10）因生产效率高、成本低、随用随建不占空间以及使用方便等特点成为农户最常用的灭菌灶。只需在空地铺上砖块或木板，垫上一些破旧的棉絮或衣服防止漏气，按要求堆叠菌棒后，用双层塑料薄膜覆盖密封棒堆四周，通上蒸汽即可使用。

图5-10 塑料薄膜常压蒸汽灭菌灶

塑料薄膜常压灭菌灶常用尺寸为4米×4米×2.5米，每灶菌棒数量以6 000 ～ 10 000棒为宜。菌棒间要留有一定的空隙，确保蒸汽畅通。目前南方大部分地方采用在灭菌灶内用隔板将菌棒分堆分层摆放，每堆摆放菌棒约20层，用“一”字形柴堆叠法（用此法菌棒无凹陷痕），每堆四周留20厘米的空隙，以利于蒸汽流动和冷凝水回流，否则容易造成灭菌不彻底。灭菌开始前3 ～ 4小时，猛火攻头，争取在最短时间内使温度上升至98 ～ 100℃，以防因升温慢引起培养料酸变。中途火力要均匀，不停火，定时往锅炉里加80℃以上的热水，防止水烧干。从料棒中心温度达到98 ～ 100℃时开始计时，保持60小时左右。该设备成本非常低，在农村农户家庭作坊非常受欢迎，缺点是设备简陋、密闭性较差、灭菌时间非常长。

②水泥砖砌灶。水泥砖砌常压蒸汽灭菌灶（图5-11）常用尺寸为6米×3.6米×2.7米。菌棒先放入不锈钢框架，每个框架可放菌棒300棒，每灶可放30个框架，一次可以灭菌9 000棒。框架用叉车搬运，这种方式进出方便，菌棒搬动次数少，可减少破损。从料棒中心温度达到98 ～ 100℃时开始计时，保持40小时左右。

图5-11　水泥砖砌常压蒸汽灭菌灶

③不锈钢灶。不锈钢常压蒸汽灭菌灶（图5-12）常用尺寸为5.8米×3.6米×3米。菌棒先放入灭菌框，每个灭菌框可放菌棒320棒，每灶可放36个灭菌框，一次可以灭菌11 520棒。该设备与水泥砖砌常压蒸汽灭菌灶原理相同，只是在尺寸上相对较大，密闭性也稍强，使用年限也较长。从料棒中心温度达到98～100℃时开始计时，保持36小时左右。

图5-12　不锈钢灶常压蒸汽灭菌

(2) 微压灭菌。不锈钢微压蒸汽灭菌柜（图5-13），常用尺寸为长8米×2.9米×2.5米，可以放32个灭菌架，一个灭菌架可以放320棒，一次性可以灭菌10 240棒。目前南方黑木耳逐步改用微压蒸汽灭菌，相对于不锈钢常压蒸汽灭菌可以节省17小时左右。灭菌灶可以每天循环投入使用，对提高生产能力具有非常明显的促进作用。从料棒中心温度达到105～108℃时开始计时，保持19小时左右。

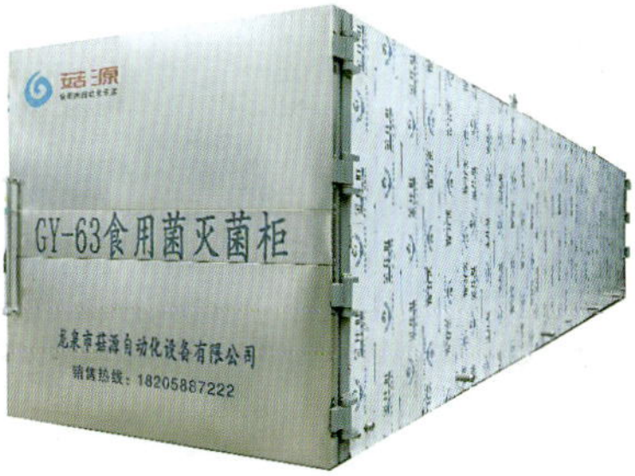

图5-13　不锈钢微压蒸汽灭菌柜

6.出灶冷却 固体长棒灭菌结束后，当灶内温度自然下降至80℃以下开灶。如时间允许，就在灶内自然冷却，防止热冷空气交换过程中，空气中杂菌进入菌棒内，影响菌棒接种成品率。出灶时可借助输送带提高效率（图5-14）；一般菌棒加工厂采用叉车装灶和出灶，降低劳动强度（图5-15）。

图5-14 借助输送带出灶

图5-15 叉车装灶和出灶

出灶后菌棒采用“一”字形堆放法冷却，堆放在干燥、通风、洁净且经过预先消毒的场所，用3～4克/米^{3}气雾消毒剂消毒并盖上塑料薄膜（图5-16）。

图5-16 出灶后菌棒冷却

冷却场所处理需特别注意环境卫生。首先，冷却场所应远离污染源，离灭菌场所要近。专业的规模化的接种中心、养菌中心冷却场所、灭菌场所必须科学规划布局。冷却室内须配备空气净化系统和降温、排风等设备。农户的冷却一般设置在养菌棚内，在使用之前2～3天，彻底清除棚四周及棚内的杂物，铲平压实地面，用清水、石灰、漂白粉上清液朝棚的空中喷雾，使飘浮在空中的尘埃、杂菌孢子、虫卵等附在水滴上落至地面，再在棚的四周及棚内地面撒上生石灰消杀，然后铺上彩条布或双层塑料薄膜。在料棒出灶之前36～48小时关密大棚，用3～4克/米^{3}气雾消毒剂空中消毒一次，料棒进入棚之前6～8小时打开棚通风备用。

7. 接种

(1) 接种设备。

①接种箱。目前应用最广的是接种箱，平均可接种1 000包/(人·天)。接种箱人工接种时，搭配使用气动打孔机可以降低劳动强度，且打孔更加均匀，可设置3孔或4孔（图5-17，图5-18）。

图5-17　接种箱人工接种

图5-18　气动打孔机

②全自动接种机。随着集约化养菌技术的推广，人工接种效率低，已不能满足市场需求，全自动接种机在逐步推广。全自动接种机和自动套袋封口机（图5-19），可接3孔或4孔，接种效率为1 200棒/时，一机顶6人，效率明显提升，大幅度降低人工成本。该设备具有以下优点：一是纯电动，不用气，不用空压机，防止漏气污染；二是全伺服驱动，接种量精确可调，性能更稳定；三是打孔和填种一步完成，减少暴露时间，降低污染率；四是智

能化控制系统，动态感知检测故障，及时提醒；五是百级空气净化过滤，紫外线杀菌，菌包表面自动擦拭消毒药水，能净化空间，远离杂菌。

图5-19　全自动接种机和自动套袋封口机

（2）手工接种。

①接种箱清理消毒。接种箱应在上一季接种结束后彻底清洗，接种棒、袖筒清洗晒干待用。下季生产开始前再次清洗接种箱内外壁的灰尘，选晴天将接种箱晒1～2天，彻底杀死留在箱内壁和底板上的病菌和害虫。接种前24小时用气雾消毒剂按3～4克/米^3（即一般容量1.4米^{3}左右的接种箱，用气雾消毒剂6包）进行空箱消毒，消毒时间35～40分钟。如遇干燥天气，每天接种的第1和第2箱，应对箱体内部加湿，避免接种箱过于干燥。加湿可以选用来苏水少许，用小型喷壶对接种箱箱体内进行喷雾，使箱体内部空气湿度80%以上，高湿的箱体环境才能使气雾消毒剂发挥最大的药效。每天接种结束应封紧箱门。

②菌种表面消毒。将菌种放入0.2%的高锰酸钾中浸泡1～2分钟，取出晾干。用利刀在菌种上部1/4处环绕一圈，掰去上部1/4菌种及颈圈、棉花部分，将剩余3/4菌种快速放入箱内即可。注意环割菌种时，菌种口朝下以防止杂菌飞扬到菌种表面。用15厘米×53厘米栽培袋制作的生产种在接种箱外先脱去外套袋，再

用75%酒精擦拭菌棒表面，把接种口朝下，用锋利小刀沿接种口挖一圈，深度约1厘米左右，并用75%酒精擦拭一遍接种口。

③装入菌棒。先将灭菌冷却后的菌棒搬至箱内堆放，一般在接种箱两端采取墙式堆放，接种箱两边各堆2～3垛，从接种箱中间向两边依次堆高，箱中间空出位置用于接种和摆放工具。1.4米^{3}左右的接种箱每箱装菌棒120支左右，注意不可以装太多，否则不仅不方便操作、接种时间长使接种箱内温度升高，而且如果气雾在箱内流动不畅，会出现死角，增加感染风险。

④接种。人工接种（图5-20）的接种人员要讲究个人卫生，每次进接种箱前要洗手，并用75%酒精擦拭双手，接种棒或者气动打孔机也要用酒精擦洗消毒。须在接种箱的中间放置一个空杯，接种针和打孔机不用时将接触料棒的部位朝上竖放在杯中，不能横放在接种箱底板和料棒上，避免消毒时未完全杀死的杂菌孢子、细菌芽孢黏附在接种用具上。用接种棒或者气动打孔机在菌棒表面同一方向均匀打3～4个接种穴，穴深3～4厘米，穴直径2～3厘米。菌种掰成上大下小，小的那头朝下塞入接种穴，要求种块与穴口膜接触紧密，封闭接种穴，不留空隙。接种时，不能用手用力地捏或搓菌种，避免造成菌丝受损或水分渗透出来，接种后菌丝难以恢复或死穴。逐孔接好后，套袋扎口，换接下一棒，或者提前在出棒口套好套袋，直接从出棒口将菌棒传递出接种箱，由外面的人扎好套袋口。接种时接种场所最好关闭门窗。

图5-20　人工接种

(3) 机械接种。有带空气净化系统接种室的菌棒（包）养菌中心，可选用全自动接种机接种（图5-21），在百级净化空间或万级净化空间接种机上方安装百级净化层流罩。首先，用气雾消毒剂对自动接种机进行空间消毒，菌种处理和人工接种相同，然后将待接种的菌棒用气雾消毒剂处理后放上输送带，完成自动接种，自动套上外袋后，运输至培养间。全自动接种机接种，效率更高，可接1 200棒/时，且减少了人员接触，降低了感染杂菌的风险。

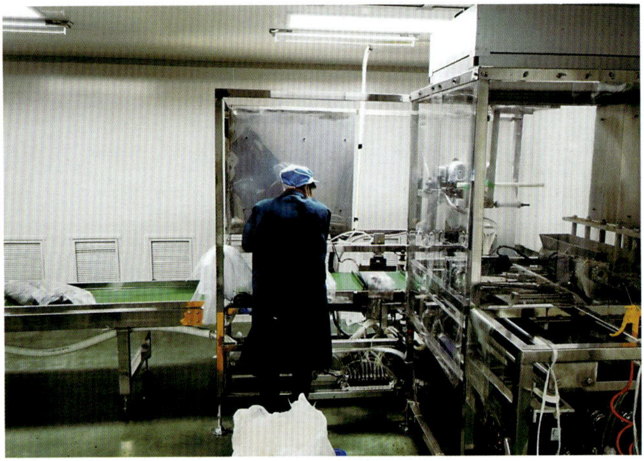

图5-21　全自动接种机接种

(4) 接种注意事项。①接种应避开一天的高温期，阴天可全天接种，晴天则要在晚上至凌晨这段时间接种，以提高成活率。②无论人工接种还是机械接种，操作人员在接种前都要做好个人卫生，更换干净的衣服和帽子。机械接种时，操作人员进入洁净接种室前，还须更换经消毒的衣服、帽子、口罩和胶鞋等，通过风淋进入洁净室。③接种后菌棒穴口朝侧面堆放，防止种块脱落。④接种结束后及时将接种箱或者洁净室内的杂物清理干净，尤其是菌种碎屑和菌种袋等，如不清理干净，容易滋生杂菌。⑤接种过程中，接种室要尽量避免人员走动，门窗尽量关闭，避免大声讲话，防止吐沫飞溅。

8.菌棒培养

（1）培养场所选择。培养场所要远离污染源、食用菌原辅材料贮藏室及黑木耳老栽培场所，室内要求通风、干燥、避光和冬暖夏凉。

（2）场地清理和消毒。培养场所一定要提前进行彻底清理和消毒。

室外养菌棚：要彻底清理棚顶、四壁和地面上的杂物以及棚四周的排水沟、杂草和杂物等，再撒上一层生石灰进行杀虫杀菌。连续使用的养菌棚可用1%的石灰水和漂白粉水冲洗棚顶和棚膜，或者掀开棚顶和四周薄膜通风暴晒。如果棚内地面没有硬化，可以在地面上铺垫一层塑料薄膜或者彩条布，并撒上一层生石灰消毒（图5-22）。

图5-22　室外养菌棚内养菌

培养室：可用1%的石灰水和漂白粉水将培养室的四壁冲洗一遍，水泥地面先用清水冲洗一遍，再用石灰水或漂白粉液拖洗一遍，再在上面撒上一层生石灰消毒（图5-23）。

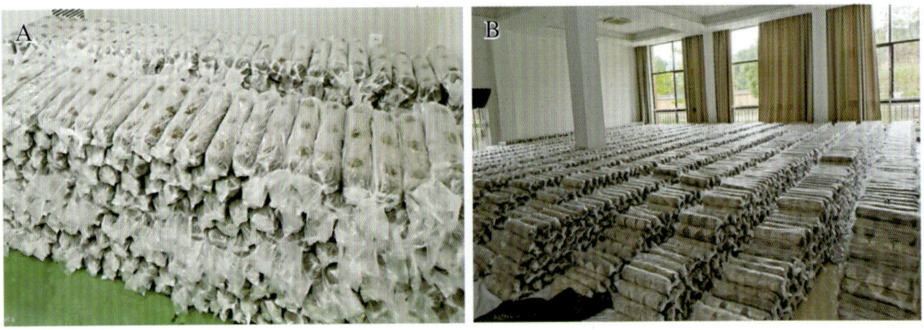

图5-23　培养室内养菌

室外养菌棚和培养室在使用之前，用喷管朝空中喷清水、1%的石灰水或漂白粉上清液，使悬浮在空中的尘埃、杂菌菌丝体、孢子、虫、卵等附着在水滴上落到地面，降低空间病虫基数，然后在菌棒堆入前24 ~ 36小时用每立方米3 ~ 4克气雾消毒剂或5克甲醛＋10毫升高锰酸钾进行空间消毒。此外，养菌期间还要对培养室及周边环境进行1 ~ 2次的预防性杀虫杀菌处理。

(3) 培养要求。

①菌棒堆放。接种套袋后的菌棒采用墙式法堆放（图5-24），接种穴口朝侧边，防止因接种口朝上或朝下，菌棒堆压造成缺氧或水渍导致死种。每垛高7 ~ 8层，垛与垛之间留50厘米左右的通道散热。如果天气较热，可在菌棒垛上覆盖塑料反光膜降温。

图5-24　墙式法堆放

接种后15～20天，当相邻接种穴口的菌丝圈接连时，开始散堆，以三段交叉或“井”字形堆放（图5-25，图5-26），层高不超过8层，穴口朝侧边，每垛间距不少于25厘米，并留相应人行通道，以便于日常管理。

图5-25　三段交叉堆放

图5-26　“井”字形堆放

②温度管理。黑木耳菌丝生长以25～28℃最为适宜，接种后的前3～5天，要创造有利于菌丝萌发的最适宜温度，促使菌丝早恢复，早定殖，迅速占领接种穴附近的培养料，使杂菌缺乏生存空间，提高成活率。菌棒接种后10天左右，菌丝分解吸收营养能力增强，新陈代谢加快，袋温继续升高，这时应加强培养室通风，保持室温22～24℃（测定室温时，要将温度计插入菌棒垛间、从上往下2～3层的菌棒内）。发菌15天左右，接种穴菌丝圈直径达8～10厘米，应松开套袋袋口，增加氧气供应。当菌丝圈接连在一起时，结合翻堆和散堆，可以去掉套袋。翻堆后的前3天，因为人为搬动后，菌丝新陈代谢作用强极易引起烧棒，所以要用大功率电风扇强行通风。菌棒从翻堆起至菌丝发满阶段，不要随意搬动菌棒。南方秋季早期气温较高，养菌管理以降温为主，早晚加强通风，白天要注意遮阴，防止太阳直射和热气进入培养室或养菌棚。室外养菌棚可以在棚顶从早到晚喷水来降

温，棚四周应有流动水，棚四周的遮阳网可以从棚顶向外斜拉，既遮阴又通风。

③湿度管理。菌丝培育阶段要求室内空气干燥，空气湿度宜控制在65%～70%，若遇连续阴雨天气，可采取地面撒生石灰粉(既降低湿度，又可杀菌)、加强通风等方法降低空气湿度。发菌后期，可以适当提高空气湿度，掌握在70%～80%，以减少菌棒的失水量。

④光照管理。菌棒养菌阶段不需光线，培养室应保持黑暗(图5-27)。

图5-27　菌棒养菌光照管理

⑤通风管理。黑木耳是好氧性真菌，对氧气较敏感，在整个培养过程中要确保耳棒周围空气畅通新鲜。一方面要加强养菌场所通风换气，另一方面要结合翻堆和散堆，调整堆内小气候，如发现有杂菌污染的菌棒要及时挑出处理。南方黑木耳栽培因为养菌期间气温高，为了减缓新陈代谢作用，不使菌棒升温发热，在整个养菌过程中，农户往往采取不解套袋控制氧气供给的方式养菌，这种方式养菌后的菌棒菌丝纤细，颜色淡灰白色，抗逆能力弱，排场前3～5天尽量在棚内刺孔，使菌丝恢复后再排场。

⑥菌棒成熟标准。菌棒成熟的标志是菌丝已发满整个菌棒，菌棒表面菌丝洁白粗壮、无杂菌污染，轻压有弹性(图5-28)。

图5-28 成熟菌棒

9.刺孔催耳 在适宜条件下，菌棒经45 ~ 55天培养，菌丝已经基本发透，可以进行刺孔催耳。如果整批菌棒发菌速度不一致，先挑选发满菌的菌棒刺孔，刺孔后要注意散堆通风。经过大量试验对比，南方气候下，规格为14.8厘米 × 53厘米的筒袋（装料后长度为41厘米左右），黑山菌株的刺孔数量为260 ~ 300孔，刺孔深度0.5厘米，直径2 ~ 3毫米，刺孔圆形；916、丽耳3号等品种耳片相对较大，可适当减少孔数，一般每棒刺220 ~ 260孔。

（1）刺孔设备。较常用的刺孔设备有滚筒式和挤压式两种设备。

①滚筒式刺孔机（图5-29）。将菌棒放置在设备顶部，在带刺滚筒的作用下，菌棒滚动至滚筒下部，达到刺孔目的，刺孔效率1 000 ~ 1 200棒/时。刺孔数量不能直接调整，需要配置不同规格的刺孔滚筒方可调整刺孔数量。②直筒式刺孔机（图5-30）。将菌棒放置在刺孔机入口处，在传送带的作用下，菌棒进入刺孔机内部，针孔通过向内挤压达到刺孔目的，刺孔效率约1 500棒/时。该设备打孔均匀，效率高，刺孔数量可随时调整，非常方便，目前最受农户欢迎。

图5-29　滚筒式刺孔机

图5-30　直筒式刺孔机

（2）刺孔催耳方式有以下两种。①棚内刺孔催耳。有条件的农户最好选择棚内刺孔催耳，尽可能选择在阴雨天刺孔养菌，采用朝空中、地面喷洁净水的办法增加空间湿度，要求空气湿度80%以上。如果空间湿度过低，孔口容易风干形成死穴，很难形成木耳原基。刺孔后采用“井”字形或三段交叉堆放养菌（图5-31，图5-32），早秋气温高，用大功率电风扇强行排风降温。刺孔后培养3～5天，当菌丝恢复生长后，选晴天或阴天排场。②田间刺孔催耳。此种方式要密切关注天气预报，选择未来2～3天没有雨的晴天或阴天排场，排场前可采取朝畦沟内灌水或朝畦床喷水的办法增加空间湿度，边脱套袋边刺孔，刺孔要轻拿轻放，菌丝未恢复前不喷水；遇连续6～7天晴热风干天气，可采用喷雾器

图5-31　“井”字形堆放

图5-32　三段交叉堆放

从菌棒上喷雾状水的办法润一次棒，注意这时菌丝还未完全恢复，喷的水一定要是洁净的水，如果采用田中池塘水喷雾，要预先在池塘中加石灰或漂白粉消毒。润棒时间选择早晚气温凉爽时进行，并同时在畦沟内灌水或朝畦床喷水的办法增加空间湿度。

10.排场出耳

(1) 场地选择。排场场地应选择通风良好、阳光充足、水源干净充足、电源方便、排灌方便、运输方便、远离污染源的田块或荒地。上季栽培过其他食用菌的田块，建议进行水旱轮作后使用。

南方地区一般选择水稻种植后的冬闲田作为耳场，一般每年7—9月制作袋料黑木耳菌棒，9—10月将发满菌的菌棒排放到冬闲田，进行出耳管理，年底可采收1～2潮黑木耳；次年4月黑木耳采收完毕后，将生产后的部分废菌棒进行还田，5月下旬至6月上旬进行水稻移栽，9月中下旬收割水稻。这种耳稻轮作模式一方面属于水旱轮作，有利于净化耳场，解决黑木耳连续生产造成空间和土地病虫基数增加、环境污染等问题，有效提高黑木耳产量和质量；另一方面，废菌棒中含水解性氮、有机质、速效钾、有效磷等，适量还田后能有效提高土壤有机质含量，促使氮、磷、钾元素与微量元素比例协调，防止土壤板结与酸化，能有效改良土壤，促进粮食作物的稳产高产，实现“千斤粮万元钱”。尤其在防止耕地“非粮化”大背景下，是一项真正的稳粮增收的耕作制度创新。

(2) 场地处理。应彻底清理耳场四周及场内的杂草、稻桩，每亩*用25～30千克生石灰浸泡24～48小时后，翻耕，暴晒3～4天，再对整个场地进行一次彻底杀虫和杀菌。如果农户未采用耳稻轮作模式，而且是选用老场地作耳场，也要在排场前按上述方法处理。

(3) 做畦。根据田块的具体情况做好畦床。畦床最好是南北

* 亩为非法定计量单位，1亩约为667米^2。——编者注

朝向，有利于通风；畦床宽1.2 ~ 1.3米，畦高15 ~ 20厘米，长度不限；畦面须平整，龟背状，防止春季积水菌棒底端发生烂棒；畦与畦之间务必要留有排水沟。畦床做好后，要预先做好病虫草害的无害化防治工作，先用高效低毒无残留的杀虫、杀菌剂喷杀畦面及四周防治病虫危害，再在畦床面上铺上养护毯、编织袋或塑料薄膜（黑白膜效果更好），再加上稻草，有效实现清洁化生产。具体的操作方法详见第六章病虫草害防治。

注意：①畦与畦之间务必要留有排水沟。一是排场早期刚刺孔的菌棒和后期刚采过耳片的菌棒，因其菌丝未恢复前不能直接朝菌棒上喷水，如遇干燥天气，需要在畦沟里灌水，提高空气湿度。二是如遇持续阴雨天气，耳场积水较多时，畦床的土壤中的水分容易往下渗入排水沟，可以有效缓解畦床过湿的问题。②畦床面上如果铺塑料薄膜（黑白膜、银白膜、普通地膜等），须在膜上打孔或者加稻草，否则塑料膜上容易积水，会影响菌棒底部的耳片。

（4）耳床搭建。耳床搭建（图5-33）一般选用木杆、竹子、铁丝等材料。先在畦床的两端横向直立4根木桩或竹桩，桩上横向架设1根木杆，并每隔1.5 ~ 1.6 米直立4根桩子和横架1根木杆。然后沿着纵向平行直拉4 ~ 6根铁丝并固定好，每根铁丝间距为0.4米左右。

图5-33　耳床搭建

床架搭好后，再在畦床中间沿着畦床方向固定高度0.5米左右的小桩子，将木耳专用喷水带固定在桩子上即可，一般1条水管可以喷1 ~ 2畦黑木耳。也可以在畦床中间沿着畦床方向直接在畦面或畦沟上放置水管，1条水管喷1畦黑木耳。喷水设施要在菌棒排场前架好，在菌棒排场前对耳场喷水增湿，促使出耳整齐（图5-34）。有条件的可以采用节水雾喷，每1米左右竖立1个节水雾喷喷头，全套设施配备过滤器（图5-35）。这种方式喷水更均匀，水雾更细，喷头安装方便，可循环使用，但是对水质要求较高，如含沙量大的水质会造成喷头堵塞。需要注意的是，一些规模化生产的大户，排场期间由于人工安排等问题，先排场，迟迟没有架设水管，导致后期水分管理跟不上，场地过干，影响了黑木耳菌丝恢复和出耳，导致冬耳的产量降低。

图5-34　节水微喷

图5-35　节水雾喷

(5) 排场催耳。

①设施设备。黑木耳刺孔以后进行排场。早期农户一般将刺孔后的菌棒装在手推车上，再将菌棒推至田里进行排场（图5-36）；现在许多农户采用输送带进行排场（图5-37），可直接将菌棒输送至田里，省时省力，该设备比较适合面积较大且田块平整的基地。

图5-36　早期手推车排场

图5-37　输送带排场

②排场技术。将菌棒靠在铁丝两侧按“人”字形排放，菌棒与地面的倾斜度55°～60°。注意菌棒和菌棒之间留下一定空隙（如果过于紧密，会影响相邻两个菌棒头上靠近部位出耳），纵向列与列之间也不能过于紧密，要保持通风（图5-38）。

图5-38　黑木耳排场初期

南方早秋排场初期气温普遍较高（35℃）以上，建议有条件的采用设施化栽培模式（图5-39），催耳最适温度为17～23℃。在排场初期，如遇35℃以上气温，则在棚顶加盖遮阳网降温；出耳管理期间遇持续阴雨天气，则在棚顶加盖透明薄膜避雨；冬季低温，则选择在棚顶和四周加盖透明薄膜保温，多催生一批冬耳，避免菌棒遭遇异常气候而烂棒，提高黑木耳产量和品质。

图5-39　设施化栽培模式

没有设施大棚的，如果排场初期遇到气温超过30℃的晴天天气（在太阳光的照射下菌棒内温度可达34～35℃），建议在畦面上方加小拱棚再拉遮阳网或平拉遮阳网，可以避免菌丝被晒伤。注意遮阳网离菌棒须有一定距离，否则容易闷棒（图5-40）。

图5-40　黑木耳排场场地

（6）出耳管理。

①耳基形成期（图5-41）。这个时期管理关键是保持耳场湿度，保持空气新鲜，加大昼夜温差，不能让刺孔穴风干和缺氧。菌丝恢复期间，空气湿度以85%以上为宜，可采取在排水沟里灌水或朝畦床上喷水的办法增加空间湿度。注意不能直接朝耳棒喷水，因为菌棒刺孔后菌丝还未完全恢复，直接朝菌棒喷水容易造成烂棒。同时，还要注意黑木耳菌棒的适时转向，南方黑木耳排场初期气温高，紫外线强烈，直面阳光的受光面黑木耳菌丝体易被紫外线杀死，排场后适时帮菌棒转向非常必要，农户又称“掉头”。一般排场后如果遭遇连续强光照射，2 ～ 3天就需把菌棒的受光面与背阴面调换一次；气温高时，需连续调换2 ～ 3次，直到孔穴中的菌丝恢复。排场迟的，气温下降，可5 ～ 7天调换一次。

图5-41　耳基形成期

②子实体分化期。从耳基形成到长出小耳芽阶段，主要是保持耳场湿度，要轻喷、微喷，遵循“干就干透长菌丝，湿就湿透长木耳”（即“干干湿湿”）的原则。当耳孔形成黑色原基时，如遇干燥天气，可朝耳棒上喷少量的水增加空间湿度，不可喷得太多，否则水容易流入耳孔。

③子实体生长期（图5-42）。此时孔穴已彻底被子实体封住，可以逐渐加大喷水量，每天少量多次，要求细喷、勤喷，保持耳片边缘不干枯。一般情况下，如果气温在25℃以下，可在每天的10：00—16：00进行定时喷雾。如果气温在25℃以上，则要早晚喷为宜。连续喷水6～7天，停水晒袋2～3天。采用“干干湿湿”的管理方法，既防病、防虫，又不长杂菌，木耳开片好，菌丝生长也健壮。

图5-42　子实体生长期

总之，喷水必须根据黑木耳生长情况，概括起来为“四多四少”：耳多多喷，耳少少喷，耳干多喷，耳湿少喷，晴天多喷，雨天少喷，气温低多喷，气温高少喷。只有科学灵活的喷水方法，才能获得优质高产。

(7) 第二潮耳（春耳）的管理。第一潮耳在合适时机采收（图5-43），采收完毕后，菌袋要停水喷水7 ~ 8天，让黑木耳菌丝重新恢复生长，积累营养，休养生息，以利于第二、三潮耳生长。第二潮黑木耳更应注重“干干湿湿”的管理办法。

图5-43　黑木耳采收前

二、黑木耳液体短包生态高效生产技术

浙江省龙泉市黑木耳液体菌种短包模式于2018年开始探索，并于2021年产业化应用。在南方固体长棒露天栽培技术的基础上，集成应用了南方黑木耳液体菌种短包成套技术。液体菌种短包生产节本、省时、省工，适合全程机械化生产，受到耳农的欢迎，并呈供不应求的趋势。

（一）液体菌种短包的优势

1. 菌种成本低　普通的固体栽培种5元/包，可接种50 ~ 70

棒长棒，成本为0.07 ～ 0.1元/棒，而液体菌种800升发酵罐三级菌种生产成本约280元/罐，可接种短包1.0万～ 1.5万包/罐，菌种成本为0.018 ～ 0.028元/包，成本比传统固体菌种节约许多。

2.菌种纯度高　液体菌种通过发酵罐深层发酵所得，发酵液内伴随着液体菌球和少量菌丝片段，且分布较均匀，菌种纯度高。

3.菌包污染率低　液体菌种菌包全程在可控环境下完成接种和养菌，人为污染小；接种后液体菌种可快速定殖将培养料覆盖，形成优势菌，有效抑制杂菌生长，污染率低，菌棒成活率99%以上。

4.菌包发菌快而均匀　液体菌种短包是从中间向上下、从内向外同时发菌，且菌包中间有窗口，通气量充足，发菌速度快，用时不到固体长棒的1/2。一般液体菌种短包20 ～ 25天菌丝长满菌包，而传统固体菌种长棒发满菌棒时间为50 ～ 60天，大大缩短了发菌周期。

5.生产效率高　液体菌种短包采用机械化生产，接种效率4 000包/时，节约时间和人工，生产效率高，实用性较广，符合现代化、规模化生产需求。

（二）工艺流程

见图5-44。

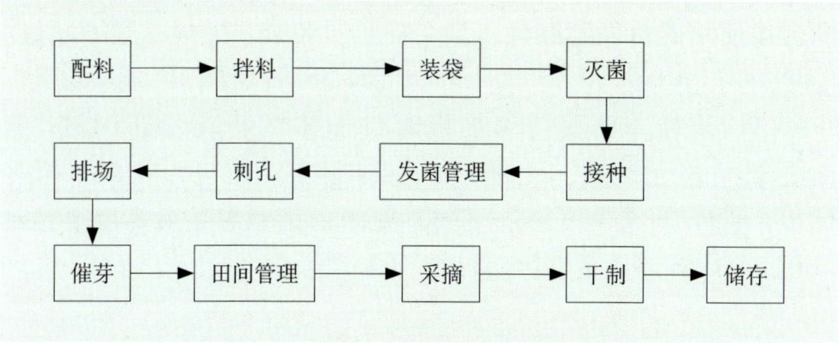

图5-44　黑木耳液体菌种短包栽培工艺流程

（三）设施设备

黑木耳液体菌种短包生产所需设施设备主要有：自动拌料装袋机、半自动装袋机、自动接种机、半自动接种机、高压灭菌柜、节能环保蒸汽锅炉、短包刺孔机、自动排场机、自动采摘机、烘干机、废菌棒回收机等。

（四）培养基配制

1.培养基推荐配方 黑木耳液体菌种短包配方可参考常规固体长棒栽培配方。常用配方有两种：

配方1：87.0%硬杂木屑，10.0%麦麸，1.0%豆粉，2.0%碳酸钙。含水量控制在55%～58%，pH 5.5～7.0。

配方2：79.0%硬杂木屑，20.0%麦麸，1%碳酸钙。含水量控制在55%～58%，pH 5.5～7.0。

2.拌料装袋

（1）塑料袋规格。短包生产栽培袋的规格不同于长棒，选用材料亲和力好、收缩性强、折角标准的优质耐高压聚乙烯袋，规格为折径（8.0～8.5）厘米×（36～37.5）厘米、厚度5丝。

（2）拌料。采用自动拌料机拌料，拌料时注意木屑培养料要提前预湿均匀，若培养料不预湿，高压灭菌柜温度上升时间较快，培养料湿度不够容易出现灭菌不彻底的现象，接种后菌棒很容易感染杂菌，从而造成经济损失。麸皮等其他原材料不要预湿，否则会加速培养料发酵酸化。整个拌料、装袋、上灶过程不超过4小时。

（3）装袋。采用自动装袋窝口一体机装袋（图5-45），料面要求平整无散料、无破口，袋料紧实，菌包无褶皱。折径（8.0～8.5）厘米×（36～37.5）厘米的菌包装袋后高度要达到21.0～22.0厘米，重量达到1.3～1.4千克。

图5-45　黑木耳短包机械装袋

（五）灭菌

黑木耳短包采用向内插栓窝口，海绵封口。灭菌采用高压灭菌柜，先设置温度105℃，灭菌1小时；再设置115℃，灭菌0.5小时；最后设置121℃，保持2.5小时。灭菌过程注意灭菌时间的把控，灭菌柜的进气口和出气口要调试好，以免有假气现象，导致灭菌不彻底。

（六）冷却

菌包出灶后应立即运输至洁净冷却室内进行强冷降温，冷却室温度设置在13～15℃，冷却8小时后菌包表面温度达到25℃左右，可进行接种。冷却室由光滑的PV板材制成，要求密闭、隔热、清洁、地面平整，安装有紫外线灯，外接带有空气过滤的制冷空调设备。冷却室需要定期消毒灭菌，保持无菌状态。

（七）接种

1.接种准备　接种室的基本处理程序为：清洁→灭菌→搬入菌包→接种室消毒处理→接种。接种前，配合紫外线灯照射对接种室进行消毒（紫外灯消毒期间人员不得进入）。接种时，在百级净化空间进行无菌接种。接种室每次使用后，要及时清理杂物，排除废气，台面需用75%酒精溶液擦拭消毒。液体菌种短包接种根据生产量的大小，可选择半自动接种和全自动机械接种。

（1）半自动接种法。半自动接种法根据接种部位的不同，又分喷雾接种法和穴式接种法，两种接种方法各有利弊。

①喷雾接种法。此法适用于有菌圈和菌盖的菌包，操作时双手戴乳胶手套，用75%酒精喷洒消毒，两人配合操作，一人将袋料口撑开，另外一人手持喷洒式接种器，向菌包口喷洒液体菌种20～25毫升/包，喷洒时采用旋转式喷洒，将料面全部覆盖。此时接种器切勿碰触到培养料面及料袋或将液体菌种喷洒到料袋外面，以免造成污染。喷洒结束后，另一人迅速将灭菌后的棉塞或菌盖盖上。

喷雾接种法优缺点：优点是液体菌种可大面积将培养料覆盖，快速发菌形成优势菌，抑制杂菌滋生；缺点是菌种在培养料的过滤作用下被阻滞到料袋的上半部分，使菌种渗透不均一，只停留在表面，透气性差，容易造成氧气不足，菌丝生长只能从上到下，不能从中间向两边同时发菌，发菌时间长。

②穴式接种法（图5-46）。此法适用于用窝口机装袋的菌包，操作方法为将枪头深入到菌包窝口中间部位，旋转式将菌种喷洒到料棒中间，接种量20～25毫升/包，然后用灭菌后的海绵封紧。需要注意的是穴式接种方法枪头与料棒接触，要接种一批次后（12筐）用酒精喷灯消毒，待枪头冷却后，方可继续进行接种。

图5-46　穴式接种法

穴式接种法的优缺点：优点是该方法在料棒中间接入液体菌种，菌种从中间同时向两端发菌，发菌更快更均匀，且通气量充足，菌丝生长健壮；缺点是插入料棒中间接种，枪头易碰触培养料，染菌风险较大，须定时灭菌。

（2）全自动液体接种机接种。如若生产量较大，建议选用全自动接种机（图5-47）接种，可避免人工接种量不均匀、染菌、漏接、错接等操作。接种量设置20 ~ 25毫升/包，接种效率为4 000包/时。每个生产批次均要附有标签，标明接种日期、接种人编号、接种机编号等。

图5-47　黑木耳液体菌种短棒全自动接种机

（八）菌包培养

1.培养室要求　南方液体菌种短包生产期间气温较高，因此培养室的规划设计上更多要求考虑节能降温，要求培养室隔热效果好、清洁、地面平整，能够智能化控温、控湿和通风，安装空气净化系统、紫外线灯等设备（图5-48）。培养室需要定期进行消毒灭菌，保持无菌状态。钢制培养架一般高3.6 ~ 3.8米，10 ~ 12层，每层间隔26厘米左右，每个培养架间隔1.2 ~ 1.5米（如果配备自动上架机则只需间隔50 ~ 60厘米）。或者采用叉车将灭菌筐直接叠加培养，每一垛放置8 ~ 9层，每垛间隔50 ~ 60厘米。

图5-48　智能化养菌

2.环境控制　培养室使用前1～2天要进行全面消毒杀菌。液体菌种短包接种后运输到培养室进行控温培养，中途切勿随意搬动。在菌包培养过程中注意室温、堆温、料温的变化。菌丝萌发定殖期（第1～3天）料温控制在23～25℃；菌丝生长前期（第4～15天）料温控制在25～28℃；菌丝生长后期（第16～25天）料温控制在20～22℃；菌丝生长后熟期（第26～35天）料温控制在18～20℃。整个发菌周期30～35天，培养期间，培养室空气相对湿度保持在65%～70%，全程避光培养（图5-49）。

图5-49　智能化养菌环境监控

3.菌包质量要求　液体菌种短包在排场之前，对菌包质量要进行抽查检测，按批随机抽取1%的样品，每批抽样数量不得少于100包。主要通过感官检测和微生物学检验两种方法来检测菌包质量是否符合要求。

（1）感官检测。主要通过看、闻、摸三种方式来确定菌包质量是否符合要求。①看。观察菌包是否完整、有无破损、有无裂痕；菌丝长满菌包，颜色以白色或米黄色为宜，无黄褐色斑点，无拮抗现象，呈细羊毛状，边缘整齐，生长旺盛；培养料颜色均匀，菌包无水珠，允许有少量黄色透明水珠。②闻。拔出插栓，用鼻闻气味，有一股黑木耳菌丝特有的清香味，无臭、酸、霉等异味。③摸。用手检查菌包，如有培养料外漏，料、袋分离或培养料软化等现象的，为不合格菌包。

（2）微生物学检测。包括霉菌检测和细菌检测两种检测方法。①霉菌检测。从抽取的菌包中取少量培养物，按无菌操作接种于PDA培养基斜面或平板上，26～28℃培养5～7天，观察培养基中是否长出霉菌，各批次菌包染菌率要低于0.1%。②细菌检测。从抽取的菌包中取少量培养物，按无菌操作接入营养肉汤培养液中，26～28℃振荡1～2天，观察培养液是否混浊。如果培养液混浊，为有细菌污染；如果培养液澄清，为无细菌污染。各批次菌包染菌率要低于0.1%。

通过以上两种检测方法对成熟菌包进行检测，检测菌包符合以上两点检测要求的，则为合格菌包。

（九）排场出耳

黑木耳液体菌种短包排场最适宜气温为17～23℃，遇到35℃以上的高温天气则不排场。刺孔后如果温度过高，不利于耳孔菌丝的恢复，容易造成高温闷棒，影响黑木耳的产量。排场天气的选择参考固体长棒。

1.刺孔　刺孔宜采用专用自动刺孔机（图5-50）。孔的形状、深度、大小和数量直接影响黑木耳的产量和质量。

（1）孔形。黑木耳刺孔主要有圆形孔和“一”字形孔两种。圆形孔耳芽萌发早，易出耳，耳片单片、无根，不易脱落，质量好。“一”字形孔孔口易干燥，耳芽萌发较慢，耳根较大，影响耳片形成，木耳质量较差。

（2）孔深度。刺孔深度一般为0.5 ~ 1厘米为宜，孔深浅影响黑木耳耳基根部。如果孔太深，不易形成耳基，耳芽很难长大或耳基大。如果孔太浅，则耳芽形成后容易脱落，造成减产。

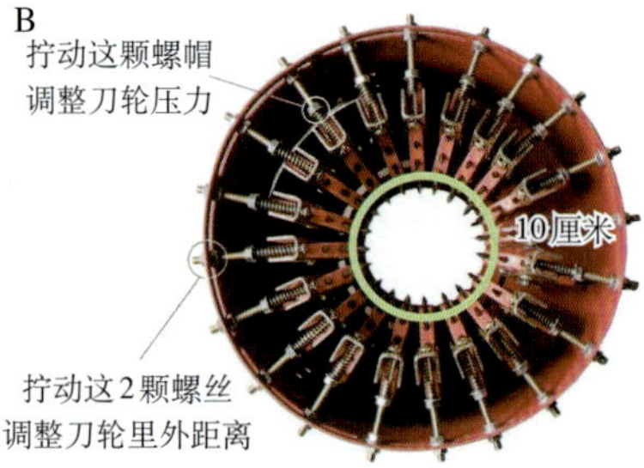

图5-50　全自动圆柱形菌袋刺孔机
A.刺孔机外观　B.刺孔机内部结构

（3）孔大小。孔直径一般以2 ~ 3毫米为宜。孔直径过大，则培养料容易干燥，耳芽很难形成；如若孔直径过小，耳芽很难钻出孔口，形成袋壁耳（图5-51），直接导致产量下降。

（4）孔数量。刺孔数量一般以160 ~ 200孔为宜。刺孔数量不是越多越好。数量过多会造成营养供应不足，出耳密集，耳片之间挤压影响空气流通，

图5-51　黑木耳液体菌种短包袋壁耳

如遇连续阴雨天气，耳片过于密集会造成烂耳；数量过少虽然营养供应充足，但出耳数量少，造成减产。

2.催耳 刺孔后，一般将黑木耳短包直立放在养菌棚内1 ~ 2天后再进行排场。刺孔机器会对黑木耳菌丝造成损伤，将菌包置于阴凉通风处，待菌丝恢复后再排场，减少外界环境对菌丝的影响。一般2天内菌丝体即可恢复，此时，菌丝体生长旺盛，需要一定的自然光照，菌丝体才能扭结形成原基；若不及时排场，菌包内就会产生大量的热量，容易烧菌（图5-52）。

图5-52 棚内催耳

3.排场

（1）耳场选择。详见固体长棒耳场选择。

（2）整地作畦。黑木耳液体菌种短包栽培要求畦面平整，有利于短包直立排场。一般只需要整理畦床、安装好喷灌设施，不需要搭耳架，畦最好是南北朝向，有利于通风。畦宽1.8 ~ 2.0米、高0.25米、长度不限，畦与畦之间开一条约30厘米的水沟，确保排灌顺畅（图5-53）。雨天顺畅排水，晴天灌水保湿。

图5-53 黑木耳短包畦面

（3）菌包排场。排场前须挑选出染杂菌的菌包单独排场。污染严重的菌包，排场前先进行一次杀虫杀菌，避免将病虫害带进耳场。黑木耳短包每畦可排场6～8列（根据做畦宽度决定），菌包间距12～15厘米，保证良好的通风，避免黑木耳出耳期间耳片之间相互挤压（图5-54）。排场前要注意查看天气预报，雨天、高温天气不排场，气温25℃以下可放心排场，温度超过35℃，要注意搭建遮阳设施，方法与固体长棒相同。

图5-54　菌包排场

4.出耳管理　黑木耳喷水设施常用的有水带微喷（图5-55）和节水雾喷（图5-56）两种。水带微喷具有价格低、抗堵塞能力强等优点，但是水带微喷，菌包易出现干湿面，影响黑木耳生长。节水雾喷为旋转式向四周散射喷水，雾喷喷头可保证每棒木耳从上到下喷水无死角，且水雾均匀、细小，慢慢浸润到耳孔，黑木耳可充分吸收。但是雾喷对水质要求较高，应尽量选择含沙土等杂质少的水源，以免堵塞喷头。

图5-55　黑木耳液体菌种短棒水带微喷

图5-56　黑木耳液体菌种短棒节水雾喷

排场后5～7天内，不直接朝菌包喷水，可在畦间内灌水增加空气湿度。待耳孔处菌丝恢复，如遇干燥天气，可轻喷、微喷。每次喷水时间间隔，看菌袋上是否有水珠流下，若没有则可再次进行喷水，刺激菌丝朝着湿润环境向外萌发生长，最终扭结形成耳芽。耳芽形成后，应每天定时观察，耳芽边缘干燥即可喷水。子实体生长期，按照“干干湿湿”原则管理水分，空气湿度保持在85%～95%。若温度太高（高于30℃）或温度太低（低于16℃）则不要喷水。

排场期间，如遇35℃以上高温天气应做好遮阳、防雨工作，具体操作与固体长棒相同。

5.第二潮耳的管理　黑木耳液体菌种短包可以出耳3～4潮，第一潮采摘时间为排场后45天左右，第二潮距第一潮耳采收35～40天。每一潮黑木耳采摘结束后要细心管理，不要立即喷水，注意观察耳孔，待有新耳芽萌发，再进行喷水管理。用手捏菌包窝口处海绵，有水流出即可停止喷水。

第三节　黑木耳采摘与干制

一、黑木耳采摘

（一）采摘标准

耳片充分长大，颜色深黑中略带点灰色，耳片舒展变软，肉质肥厚，边缘内卷，有弹性，耳根收缩变细，而且腹面（光面）开始产生白色粉末状担孢子，说明黑木耳已经成熟，应及时采收。

（二）采摘时间

黑木耳采收时间的确定：①根据气候变化确定。南方黑木耳生长季正是多雨温暖的季节，黑木耳长大后采收时间确定，要密切关注天气变化，如果天气预测3天内有大雨的，七八分成熟时，就要抢晴或阴天及时采收，否则木耳吸水膨胀，色泽变黄变红，雨天采收下来的鲜耳很容易腐烂，色泽形状很差。②根据黑木耳成熟度确定。根据不同种类子实体的发育特点，耳片太成熟采收，边缘向不同的方向伸长，干制后边缘收缩不同向，品相差，影响销售。同时耳片采收太成熟，整个菌棒长满耳片，菌棒长期处于高湿不通风状态，易发霉腐烂，第一潮耳采收后，影响第二潮耳的生长。③根据黑木耳的用途确定。黑木耳有鲜销和干销，一般要求品质达到最优时采收，但也要适当兼顾产量。

（三）采摘方法

不同时期长出的黑木耳，采收的要求有所不同。秋冬耳要求采大留小，因为这时气温较低，病虫害少，应把幼耳留下让它继续生长。春季气温回升快，湿度高，黑木耳长得快，病虫害多，留下的幼耳常被病虫感染，采收时应重采，最后一批耳要求大小一起采收。

1.秋冬耳采摘

（1）脚耳采收。南方黑木耳栽培基本上为全露天栽培，菌棒上下耳片由于所处的小环境不一致，现耳基、耳片的生长速度不一致，尤其是长棒，棒的底端与顶端湿度差大，菌棒上下耳片的大小不一致。最底部的耳片由于培养基含水量最高、空间湿度也最大，最先成熟；位于菌棒顶端的耳片由于培养基含水量低，空间湿度也小，现耳迟，长得也最慢。菌棒上下耳片成熟时间相差5～7天，最大相差15天以上。底端的耳片长期处于高湿高温状态，如果采收不及时，耳片成熟后很容易腐烂，不但质量差，而且底部的菌棒也会开始腐烂。所以，秋冬耳采收需先进行一次脚耳采摘。脚耳因为容易受到畦床泥沙、铺垫物的影响，质量往往比较差，需单独采收、单独晾晒出售。

（2）第一潮耳采摘。秋冬耳是南方黑木耳生长期间质量最好的，也是夺取高产的关键一潮耳。采摘前1～2天停止喷水，如果耳片成熟度不一致，可以采大留小，大耳先采，小耳后采。采收时，注意尽量不要伤着小耳，应在雨后天晴或阴天，待黑木耳晒至半干（耳片已干、基部尚润）时采收，最好是在耳片全干后，趁晴天晨露未干、耳片潮润时采摘。耳片过干时，则应先喷点水，让耳片回润后再采，否则容易弄碎耳片，造成损失。这种采摘黑木耳方法，耳片含水量少，容易晒干，不会出现拳耳，碎耳也少，有利于提高产量和质量。同时，还可以在多雨的季节减轻晾晒压力。秋冬耳要分多次采收，每次采大留小，一般需4～5次第一潮耳才能采收结束，第一潮结束后停止喷水，视气候条件，让菌丝恢复生长5～8天，按第一潮耳管理方法管理第二潮木耳。

采摘时（图5-57），用手指将整朵黑木耳连同耳基一起捏住，稍稍扭动一下，即可把黑木耳完整地采下，这样采摘的黑木耳朵形完整。采摘时硬性拉扯，往往把木耳撕成碎片，既降低了等级，又减少了产量，且残留在基质上的耳根容易腐烂，影响耳芽的再生。

图5-57　黑木耳人工采摘

（3）机械采摘。农村黑木耳生产队伍已步入老龄化，现在从事黑木耳生产的劳动力基本上是五六十岁的人员，黑木耳采摘期间需要大量的劳动力。劳动力成本不断上升，加上南方采摘季节雨水比较多，大批的黑木耳由于得不到及时采摘，或因雨水天气烂在田里、或因采摘不及时影响质量。2022年龙泉市菇源自动化设备有限公司向浙江省农业农村厅申报了浙江省农业双强突破类攻关项目——黑木耳全程机械化重点突破协同攻关，研发了黑木耳采摘机、自动排场机、自动烘干机、废弃菌棒自动回收机。自动采摘机应用于液体菌棒采摘后，采摘效率是人工的4～5倍，并可实现黑木耳采大留小，操作简单方便，只需把菌包放在机械内杆上，就可连续采摘，省时省工。黑木耳自动采摘机（图5-58）解决了黑木耳采摘劳动力欠缺等问题，不但为黑木耳规模化生产奠定了基础，还为农村老、弱、病、残等弱势群体实现了轻简化生产黑木耳，增加了创收的捷径。

图5-58　黑木耳自动采摘机

2.春耳采摘　南方春天升温快，并伴随多雨的气候，春季病虫比较多，且菌棒中下部都有不同程度的烂棒现象，养分供给也不足，耳片薄、呈红黄色，越迟采的黑木耳，价格越低。所以，2月气温回暖后的春耳长大后应重采，3～4月的春耳最好成批采摘。

二、黑木耳干制技术

南方黑木耳由于采摘时间非常集中，采摘期间雨水天气比较多，鲜耳贮藏，运输不方便，且成本高，黑木耳一般以干品销售为主。

（一）自然干制

南方黑木耳鲜耳上市期比较集中，大量鲜耳集中上市，给木耳的干制带来了一定的压力，若不及时妥善处理，会发生烂耳或耳片品相差等问题，给耳农造成的损失非常大。为了省工省时，一般农户选择在耳场附近晾晒黑木耳，有架筛晾晒、遮阳网平摊晾晒、养菌棚晾干、鲜耳冷藏再烘干等方式。为提高木耳的商品价值，提倡用架筛晾晒木耳。

1.架筛晾晒法　南方黑木耳主产区往往竹木资源比较丰富，可以就地取材，在耳场四周用毛竹或树的枝丫撑起支桩，再在支桩上用竹篾或纱网做成筛，架空在架子上，将采摘后的鲜耳均匀地铺在遮阳网上晒干（图5-59）。为了晾晒出质量好的耳片，摊晒期间尽量不要翻动黑木耳。晾晒初期，耳片摊得稍薄些，让耳片在太阳下慢慢风干，边缘内卷。晴天晚上，把黑木耳垛堆在筛上或网上，第二天白天再摊晒，反复晒3～4天，直至晒干为止。为了抢晴天晒干黑木耳，也可以把耳片薄摊在筛上或网上，一次性晒干后，喷适量的清洁水返潮堆放在一起，次日晾晒干透，再喷适量清洁水返潮堆在一起，次日再晾晒干透即成成品。通过二次加工后，耳边内卷，商品性状较好。春耳采收后应立即去除杂质，丛生的木耳掰成单片，晴天直接暴晒干透。

图5-59　架筛晾晒法

2.遮阳网平摊晾晒法 晒场一定要选择在远离公路、畜禽舍以及车、人流量少的地块作晒场，防止车、畜禽路过，扬起的泥沙、粉尘和汽车排放的尾气等吸附在耳片上，影响黑木耳的质量。选择做晒场的机耕路，先清理干净，如果机耕路路面没有铺水泥，需先垫层塑料薄膜，然后平铺上遮阳网或白色的纱网，将采收后的耳片，清理黏附在耳片上的泥沙、稻草、杂草等杂质后均匀地撒在晒席上，晾干方法同架筛晾晒法（图5-60）。

图5-60 遮阳网平摊干制

3.养菌棚晾干法 南方黑木耳上市季节有时连续下雨，大量黑木耳无法采收，有时采摘下来的耳片无处可晾，造成烂耳的很多。近几年，农户利用黑木耳养菌后的空闲棚，干制黑木耳挽回了许多经济损失。具体做法为:清理养菌棚内养菌期间留下的废菌料、废菌袋后，在地面撒上一层生石灰杀虫杀菌和吸潮，再铺上一层地膜，防止地表水向上蒸发，再在薄膜上铺上一层遮阳网或网纱，将雨天采下的黑木耳直接平摊在遮阳网或网纱上，让木耳自然风干，遇晴天抢晴搬至棚外晒干。若雨天采下的鲜耳含水量太高，可将采摘的鲜耳与已晒干的干耳片按1 ∶ 2干耳与湿耳的比例混匀，让干耳吸收鲜耳中部分水分，避免鲜耳过湿造成烂耳现象。

4.冷藏法 有时连续阴雨天气持续15天以上，养菌棚晾干还无法解决黑木耳干制问题，长在菌棒上的黑木耳无法采摘，掉落在耳畦上腐烂，不但损失大，而且易滋生病虫。有些即使采下来晾在棚里，耳片含水量高，空气湿度大，也会腐烂。南方黑木耳产区大都是香菇主产区，有大量贮藏鲜香菇和蔬菜的冷库，可以利用冷库贮藏黑木耳，将采下来的黑木耳用有透气性能的塑料篮或竹篾篮装好，篮子上部留有1/4左右空间，用于通风排湿，堆叠在冷库内。篮与篮之间留有一定的空隙，开启除湿功能，利用冷库的除湿降温功能，贮藏鲜耳，晴天再搬至室外晾晒。

（二）机械干制

1.一次性烘干法 南方黑木耳干制方法普遍采用日晒的方式，这种方法虽然节能、成本低、经济实用，但遇到连续雨天，黑木耳的质量会受到严重影响。将鲜的黑木耳均匀放置在黑木耳烘干机不锈钢网盘上进行烘干（图5-61）。35 ～ 40℃干燥3 ～ 4小时后，可适当升高至45 ～ 50℃再干燥5 ～ 6小时，整个干燥过程需10小时左右。采用黑木耳烘干机烘干的木耳干燥均匀，不粘连，形状完整，与自然晒干的黑木耳品质相差不大。

图5-61　黑木耳自动烘干机

2.分段干制法 由于黑木耳成批上市，一次性烘干量不足，烘干时间较长，为了尽可能减少烂耳，把损失降到最低限度，可采用烘干机烘至半干，4～5小时后，当耳片含水量降至60%～70%，耳片边缘稍稍内卷，关掉电源，把黑木耳摊晒在荫棚或室内，待晴天搬至室外晒干。这种方法可以避免耳片因为湿度过大而腐烂，同时，可以降低能耗，节省烘干成本。

第四节　黑木耳废弃菌棒综合利用

黑木耳生长周期结束后，要妥善处理废弃菌棒，废弃菌棒随便丢弃，势必对生产和生活环境造成很大的影响。废菌棒回收后先作破袋处理，废菌袋可回收用于生产塑料米。废菌渣可用于还田还山，增肥地力，也可与牲畜粪便一起发酵制成有机肥料，用于蔬菜、水果、茶叶、花卉等农作物的种植，为农作物提供充足良好的养料；废菌渣也可用于生物质发电（图5-62）。

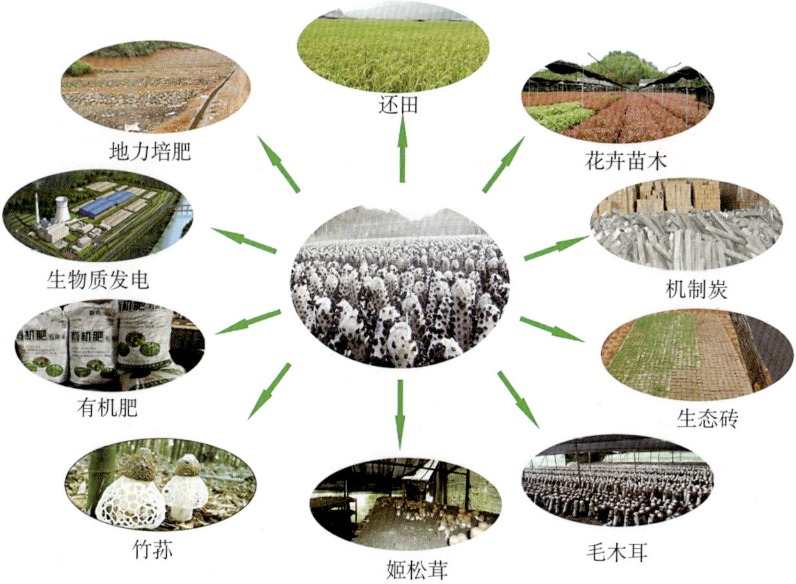

图5-62　黑木耳废弃菌棒综合利用图

一、生产有机肥模式

采用废菌渣＋牲畜粪便—发酵—翻堆—加水—搅拌—包装—有机肥的工艺流程，利用黑木耳生产后的废菌渣混合畜牧场的牲畜粪便生产有机肥，再用于蔬菜、水果、茶叶、花卉等农作物生产，减少化肥使用。

二、生产其他食用菌模式

将废菌渣按一定比例替代部分新鲜木屑，用于栽培竹荪、姬松茸、毛木耳等食用菌。

三、还田还山模式

移栽水稻前将部分废菌渣堆积发酵后施用于农田、茶山、水果山等地块培肥地力，不仅可以提高土壤有机质含量，促使氮、磷、钾元素与微量元素比例协调，还可防止土壤板结与酸化，有效改良土壤。

四、生产生物质颗粒燃料和机制炭模式

将废菌渣和其他木屑按一定比例混合压缩制成生物质颗粒燃料或机制炭。

五、生物质发电模式

将废菌渣运往生物质发电厂充当燃料。

六、生产生态砖模式

将废菌渣、泥土及草籽等按一定比例混合后，做成砖块状，铺在高速公路两边围墙上，青草长出后起到绿化、固土防塌作用。

第六章　病虫草害防治

黑木耳病虫草害的防治应遵循“预防为主，综合防治”的原则。把农业防治、物理防治、生物防治、化学防治等措施组成一个有计划、全面有效的综合防治系统，遵循五个原则：一是能够有效地预防病虫草的发生和蔓延；二是通过创造有利于黑木耳生长的优势环境条件，控制病虫草的危害；三是能够安全高效地消灭病虫草等有害生物；四是药剂防治病虫草尽量在黑木耳菌棒排场前，保护好黑木耳的菌丝和子实体不受药害污染产品，不危害人体的健康；五是要保护好天敌，尽量不使天敌在采取防治措施时遭受杀伤。

在综合防治原则的指导下，重点抓好以下工作：一要加大“以防为主，综合防治”宣传培训力度，提高农户的认识和防治水平，使农户自觉地将病虫草的综合防治措施落实到黑木耳生产的全过程；二是提高黑木耳精准化生产水平，用机械代替手工、用设施化创造黑木耳生长最适宜的条件，以培养健壮的菌丝体，提高菌丝自身的抗逆能力，抑制其他杂菌的生长。

第一节　黑木耳病虫草害防治方法

一、农业防治

农业防治的原理是根据黑木耳的生物学特性和黑木耳病虫草的发生规律，使两者相抗相避，或使有害微生物发展速度慢些和程度轻些。农业防治在很大程度上取决于各种环境因子：当环境条件有利于黑木耳生长而不利于病虫发展时，黑木耳活力旺盛，抗性强，病虫就不易发生甚至不能发生；反之，病虫便会乘虚而入，迅速发展。所以人们在采用各项农业技术措施时，应尽可能创造最适合于黑木耳生长发育而不利于病虫发生的环境条件：一是通过推广应用与当地环境相匹配、抗逆能力强的优良菌株，提高黑木耳自身的抗病性；二是根据黑木耳不同菌株对温、湿、光、气的要求，合理安排制棒和排场季节，避开恶劣气候，能够较为有效地预防病虫发生；三是科学配制培养基。使用新鲜无霉变的原辅材料，合理控制培养料粗细、酸碱度、含水量、松紧度。

二、物理防治

用物理的方法防治黑木耳的病虫草害是一项比较安全有效的防治方法。在生产上通常通过设障阻隔、灯光诱杀、日光曝晒和低温处理等措施，抑制病虫草害发生。

根据黑木耳生长发育的不同特征，在菌种生产和栽培管理的过程中，因地制宜运用一些物理防治的方法，如给培养室的门窗安装纱窗，防止菌蚊等飞行类昆虫进入培养室；通过在培养室、养菌棚、耳场四周挖沟放水阻隔爬行类昆虫进入危害。增强通风，保持菇房内的空气清新，适当降低空气相对湿度，能抑制病虫害的滋生和蔓延。降低温度，一般在22℃以下有利于黑木耳生长发育而不利于病菌和害虫的发生。调节pH，使培养基为中性的情况下，能有效地抑制有害微生物的生长，为黑木耳菌丝生长创造有利条件。遮光处理能避免黑木耳菌丝遇到光线刺激而形成较多耳基，所以菌丝培养阶段，适当遮光处理也是一项防病措施。此外，采用单季稻—黑木耳或双季稻—黑木耳的水旱轮作模式，可大幅度降低耳场的病虫基数。

三、生物防治

在黑木耳栽培过程中利用捕食性昆虫或寄生性昆虫以抑制或控制害虫的发生发展，或利用某些微生物（包括细菌、真菌、病毒等）或其他生物去抑制或控制病原菌的发生发展，这种防治病虫害的方法，称为生物防治。由于黑木耳栽培方法特殊，生物防治的方法应用较少。可利用自然界里存在的害虫和害螨的天敌，还可以在利用各类生物药剂，包括一些生长调节剂控制病原菌以及虫、螨为害等方面，进行一些有益探索，为黑木耳病虫的生物防治拓宽新的途径。

四、化学防治

当耳场上病虫发生量多，蔓延速度快，在万不得已的情况下，才采用化学药剂防治。在菌种和栽培袋的菌丝体上施用化学药剂时，务必注意黑木耳菌丝对药剂的敏感性，保护好菌丝体免遭药害。出耳后使用药剂，更应慎重选择，一方面要能够有效抑制病虫的发展，另一方面必须要求不影响黑木耳的正常生长发育，耳片上不能有超过标准的农药残留，以免影响黑木耳的品质和安全。化学防治应作为一种辅助手段，配合农业防治、物理防治等防治方法合理使用。

国家明令禁止在农作物上使用的农药有：六六六、滴滴涕、毒杀芬、二溴氯丙烷、杀虫脒、二溴乙烷、除草醚、艾氏剂、狄氏剂、汞制剂、砷类、铅类、敌枯双、氟乙酰胺、甘氟、毒鼠强、氟乙酸钠、毒鼠硅、甲胺磷、对硫磷、甲基对硫磷、久效磷、磷胺、苯线磷、地虫硫磷、甲基硫环磷、磷化钙、磷化镁、磷化锌、硫线磷、蝇毒磷、治螟磷、特丁硫磷、氯磺隆、胺苯磺隆、甲磺隆、福美胂、福美甲胂、三氯杀螨醇、林丹、硫丹、溴甲烷、氟虫胺、杀扑磷、百草枯、灭蚁灵、氯丹、2，4-滴丁酯。

此外，在菌类作物上禁止使用的农药有：氧乐果、灭多威、涕灭威、克百威、乙酰甲胺磷、丁硫克百威、乐果。

第二节　黑木耳常见病害防治

黑木耳的病害分非侵染性病害（生理性病害）和侵染性病害（传染性病害）两种。由于非生物因素的作用，造成黑木耳生理代谢失调而发生的病害，叫非侵染性病害。非生物因素是指生长环境条件不良或栽培措施不当，如菌棒含水量过高，出现的菌丝生长受抑制，或耳场通风不良，造成耳片不展开等异常症状。非侵染性病害由于没有病原物的参与，发病时只有病状无病征，不会相互传染，一旦不良环境得到改善或消除，病状不再继续，一般都能恢复正常的生理状态。由于病原物的侵染，造成木耳生理代谢失调而发生的病害，叫侵染性病害。病原物主要包括真菌、细菌、病毒等在内的微生物，以及为数较少的属于线形动物门的线虫等。病原物危害时：一方面使黑木耳的菌丝或子实体产生异常症状，并绝大多数（病毒除外）既有病状也有病症；另一方面具有明显的扩展性传染性，即在一个生产季节或栽培周期中，能够侵染、繁殖、再侵染和重复侵染。此外，某些病原物危害后，其本身不断增殖的营养体，往往是其他病原物或害虫的追逐取食对象，如代料黑木耳菌棒上大量木霉发生时，菌蚊、螨虫等便随之而来，结果造成病害虫害并发，危害加重。侵染性病害主要为真菌性病害、细菌性病害和病毒性病害等。其中危害最多的是真菌性病害。

一、黑木耳非侵染性病害

由于菌种选择不当、栽培季节安排不合理、培养基配制不科学、排场后外界气候条件影响或温湿度管理不当，这些条件长期作用下，易引起黑木耳非侵染性病变。虽然这种非侵染性病害不会传染，但一旦引起病变，就很难恢复如初，使黑木耳生长错过最佳的季节，影响黑木耳的产量和质量，从而影响农民的收益。生长过程中常见的非侵染性病害有以下几种。

（一）菌丝体纤细、色淡

1.发生原因 由于南方高温季节制棒养菌，为了预防菌丝体呼吸旺盛产生热量引起烧棒，耳农用双套袋养菌，控制氧气供给，使菌丝体在氧气极少的情况下缓慢生长。而黑木耳是好氧性真菌，发菌期间木耳菌丝体需要大量的氧气，分解培养基中营养物质，并输送给耳片。没有健壮的菌丝体支撑，将直接影响排场后黑木耳菌丝恢复、出耳。

2.改进措施

（1）菌棒菌种穴的菌丝发至8 ～ 10厘米时，解开套袋口增气，但要注意降温。

（2）菌丝发满袋后，解开双套袋，同时注意散堆，降低单位面积菌棒堆放量，最好菌棒能在棚内养菌恢复3 ～ 5天，待菌丝恢复生长、呈洁白状后再排场。

（二）排场后出耳迟、烂棒

1.发生原因

（1）制棒过程中，耳农为了提高养菌成活率，降低培养基的含水量和麸皮的含量，影响后期出耳。

（2）菌棒在养菌期间发生高温烧菌，排场后在外界高温多雨天气作用下，菌棒马上发生烂棒现象。

（3）排场后，连续晴热多风天气，耳场空间湿度低，菌棒刺孔后没有一定的空间湿度，菌丝不能恢复扭结形成耳基。

（4）排场初期，菌棒长时间没有翻面，朝上的一面长期在紫外线的照射下，菌丝体被晒伤；翻面后，菌棒内水分朝着底端和菌丝受伤的一面集中，营造有利于杂菌生长的高温高湿环境，出现烂棒现象。

2.改进措施

（1）科学配制培养基，培养基含水量不能低于50%，麸皮、谷糠、棉籽壳等氮源化合物不能低于干料总量的15%。

（2）适当增加养菌场所的面积，养菌密度控制在50棒/米^{2}以下。同时，要有降温、排风设施，菌棒中心温度不能超过33℃。

（3）排场前，先做好耳畦的防草措施，一定要有排水沟，先在畦沟内灌水，再在畦背上喷水保湿，防止排场后晴热天气湿度低，导致菌丝不恢复。

（4）排场初期，视天气情况，气温高时，每2～3天翻面一次，连续2～3次，直到孔穴中的菌丝恢复。

（三）排场后耳芽不出袋

黑木耳菌棒排场后耳芽发生，但耳基很大，耳片很小，越喷水，袋内耳基越大，而耳芽迟迟不出袋。

1.发生原因

（1）制棒时，培养基中阔叶木屑颗粒粗，粗料与细料没有很好搭配，装袋不紧实；培养基中含水量太低，菌棒发菌后期严重失水，料袋分离。

（2）排场后，黑木耳生长喜暖和、湿度高的环境。如遇连续晴热天气、外界空气湿度太低，或排场过迟、外界气温太低，都会形成袋壁耳。

2.改进措施

（1）配制培养料时，木屑粗料与细料比例控制在2∶1左右，同时，含水量控制在50%～60%。

（2）排场前预先做好耳场的增湿工作，若排场后遇连续5天以上晴热干燥天气，要朝耳棒喷细水润棒，加速菌丝恢复。南方黑木耳菌棒排场不可晚于11月中旬。

（四）耳穴黑斑状、流耳

长第一潮耳以后，耳穴周围发生黑斑状，影响第二潮耳基形成。流耳片呈黑糊状，手摸黏糊感，严重的出现青绿色斑点。

1.发生原因

（1）耳场气温高、湿度太大。

（2）水源不干净。

（3）黑木耳采摘不及时，耳根长期处于高湿高温环境，出现腐烂现象。

2.改进措施

（1）适时排场，外界平均气温稳定28℃以下的晴天或阴天排场，雨天不排场。

（2）选择干净的山溪水、井水喷灌，如果采用田间水喷灌，要预先挖塘、铺垫塑料薄膜或小石子净化水源，加漂白粉消毒后取上清液使用。

（3）耳片7～8分成熟时，耳边边缘内卷，即可采收。采收前2天停止喷水，采收后5～7天停止喷水。

二、黑木耳常见侵染性病害

危害黑木耳生长发育的主要病菌有真菌（包括酵母菌）、细菌、放线菌，但生产上危害最多、发生最频繁的是真菌，农户习惯称为霉菌。霉菌是一类单细胞或多细胞的丝状真菌，菌丝白色，随着生长，因种类不同逐渐产生青色、青绿色、褐色、黑色、黄绿色、红色、橘红色的分生孢子。霉菌与黑木耳生活条件类似，而且分布广泛，是危害最大的一类杂菌，一旦发生，很难根治。霉菌种类很多，黑木耳生长期间常见的有青霉、木霉、曲霉、毛霉、根霉和链孢霉等。

（一）发生侵染性真菌污染的主要原因

黑木耳属中温型菌类，菌丝发育的适宜温度为25～28℃，此温度也是霉菌发生繁殖较适宜的温度。特别是南方地区的代料黑木耳栽培，制作菌种和菌棒的时间在6—9月，也是高温高湿的季节，杂菌危害特别严重，危害程度轻的造成减产，危害重的甚至绝收。造成杂菌污染的主要原因如下：

1. 菌种选择不当引起的感染 一是生产者盲目引进使用种源不清的菌株。每个菌株都有自己的特性，有些差异非常大，同名不同种、同种不同名、乱命名、篡改种名，盲目引进种性不清的菌株，对所使用菌株的生物学特性缺乏了解，在生产过程中按经验管理等现象普遍存在。二是引进选用的菌株与栽培地的生产环境不相适应。我国南北气候差异非常大，引进的菌株没有经过适应性栽培就进行推广，有些品种由于不适应当地的气候，发生烂棒、延误出耳、不出耳等现象。三是生产者使用了抗逆能力弱的菌种。上一级菌种生产培育的基础设施差，控温、控湿、通风等条件差，无法满足菌丝生长的要求，菌种自身抗逆能力弱，存在隐性污染。四是使用了老化的菌种。使用菌龄太长的菌种，菌丝会出现老化现象，菌丝生长旺盛时，个别混入的杂菌孢子处于抑制状态，当菌种老化衰退时，被抑制的杂菌孢子往往已经萌发，只是肉眼无法察觉，一旦繁殖使用，则可能造成较大污染，即使是老化菌种没有感染，由于其生命力下降，对扩大过程中混入的杂菌孢子的抑制能力也差。五是运输使用了未发满袋的菌种。没有发满袋的菌种在运输过程中倒吸入空气中病原物，导致菌种被污染。六是使用种性退化、转接代数过多的菌种。食用菌菌种遗传是相对的，变异是绝对的，菌种在长期的扩繁生产过程中，会出现不同程度的退化。同时，当菌种出现供不应求时，菌种生产者会通过不断扩繁的方式，满足生产者的需求，但是菌种在扩繁过程中杂菌感染概率增加。

2. 制棒排场季节安排不当 南方采用全露天栽培模式，适合黑木耳生长的季节比较短，适宜排场出耳的时间只有10月至翌年

4月底，除去1—2月份是低温季节，真正适宜出耳的时间只有4个月左右。如果排场早了，排场前期易受高温气候影响发生烂棒；如果排场迟了，排场后受低温影响不出耳，年前一潮冬耳没有了，直接影响黑木耳的产量和质量。南方黑木耳主产区曾发生过把排场期延期到11月中旬和提前到8月下旬两种现象，11月中旬南方气候经常受到冷空气的影响，菌棒排场后，菌丝恢复慢，黑木耳菌丝喜暖和、潮湿环境，外界气温低于15℃，菌棒内部的温度、湿度高于外界，耳芽就在袋内有空隙处生长，迟迟不出袋，造成袋壁耳现象，袋内的耳基越长越大，袋外耳芽很小或没有。长在袋内的黑木耳到春天气温回暖时，腐烂在袋内，严重影响黑木耳的产量和农户的收益。另一种现象是一些农户为了争取早出耳，盲目地把菌棒制作时间提前到7月，个别农户甚至提前到6月。养菌期间平均气温超过28℃，日最高气温超过33℃，加上菌丝体发菌过程中新陈代谢作用放出热量，菌棒堆内温度超过了36℃，黑木耳菌丝生长缓慢或不生长，但却非常适合黄曲霉、根霉等杂菌的生长，接种后易发生杂菌先于黑木耳菌丝萌发，迅速占领接种口附近的培养料，与黑木耳菌丝争夺空间和养分，抑制黑木耳菌丝生长的现象。青霉、木霉等病原菌还会分泌毒素，杀死黑木耳菌丝。同时，由于菌丝长期处于高温的条件下培养，发菌缓慢，当整支菌棒发满时，位于接种孔附近的菌丝和老菌种已经老化失去活力，排场后菌棒从接种口开始腐烂。

3.菌棒制作不规范 一是培养料配制过程中，使用了受潮发霉或掺杂了上季栽培旧原辅材料，培养料含水量过高或过低，原辅料粗细比例不合理，装料太松、太满，料袋扎口不紧或袋口处的内外壁沾满培养料，易造成杂菌污染菌棒。二是装袋、灭菌或运输过程中操作不当，使封口材料松动或脱落；灭菌压力过大、使用不标准的塑料袋或由于鼠害、虫害等原因造成菌袋破损而导致污染。三是培养基灭菌不彻底，表现为瓶壁和袋壁上出现不规则的菌落。可能原因有：灭菌时间不足、高压灭菌时压力不足，冷空气没有排净造成的假压现象；灭菌时装量过多，菌棒堆放不合理导致蒸汽流动不畅通；使用了颗粒过大、干燥没有预湿的培养料；使用了没有充分预湿或表面绒毛过多的棉籽壳。

4.接种不当引起的污染　一是接入带杂菌的菌种，表现为接种后杂菌萌发的速度明显快于黑木耳菌丝，菌种受到抑制或不发菌，种块四周布满杂菌菌落。此类污染往往成批出现且污染的杂菌为同一种杂菌。二是接种环境造成的污染，此类污染常分散发生在菌种培养基表面，主要原因是：冷却、接种环境不卫生，或连续生产后未经清理消毒；接种箱、接种室空间消毒不彻底；接种箱密闭性能不好，外界不洁空气进入接种箱内；使用气雾消毒剂消毒时，由于单位面积气雾消毒剂量不足、消毒时间不够或消毒时间过长、消毒空间湿度低于80%等原因致使空间消毒不理想。三是接种人员的双手、衣帽和接种器具带杂菌，或是接种工具和接种人员的双手在接种过程中由于触碰接种箱底部或接种箱外造成二次污染。

5.培养过程中污染　培养室环境不卫生，培养过程中环境因子适宜杂菌生长而不利于黑木耳菌丝的生长，培养场所空间湿度大导致棉塞等封口材料受潮等原因发生污染。

6.出耳期污染　出耳场地环境不卫生或上一年栽培后的老场地未经清理、未采取水旱轮作措施；高温高湿、通风不良造成菌棒下半部发生杂菌感染；菌棒刺孔后菌丝未恢复而采用不洁的水直接喷洒菌棒，雨天排场或排场后下雨未采取遮雨措施导致水直接进入耳孔，菌丝发生窒息或受感染；耳片成熟后未及时采收，造成菌棒缺氧而窒息；采完第一潮耳后，菌丝未恢复就喷水，耳根长期处于高湿环境等原因发生杂菌污染。

（二）防止杂菌污染的措施

黑木耳整个生长发育过程，都伴随着与杂菌不断抗争，争夺空间、争夺养料。应牢固树立以防为主的观念，一旦杂菌感染菌棒，治的效果甚微，况且用药剂防治杂菌，也同时抑制或杀死黑木耳菌丝，造成药害。此外，在子实体生长期用药剂防治，严重影响了黑木耳产品的质量和市场竞争力。因此，应从以下几个方面减轻病菌的危害：

1.选择适地适龄的优良菌种　黑木耳栽培中菌种的选择最为关键。近几年，北方选育了大量适合当地栽培的优良菌株，南方选育的品种相对少，往往以引进为主，但是由于不了解种性，盲目引种，未进行适应性栽培就大面积推广，引发的生产事故屡见不鲜。因此，一是选择与当地环境相匹配，抗逆能力强、丰产性、农艺性状好的品种，新引进的品种一定要在当地有3年以上高、中、低海拔高度的适应性栽培，方可推广。二是选择固体菌种菌龄30 ～ 45天、液体菌种5 ～ 7天，在适宜条件下培养的菌种。三是严防用转接次数超过标准的菌种生产菌棒，尤其是使用生产菌棒当菌种，易出现种性退化、污染概率增加等现象。四是要避免使用高温下运输的菌种接种。菌种运输过程，菌丝的断裂愈合易产生大量的热量，引起菌种在运输过程受高温影响，导致菌丝活力下降或烧菌现象。

2.合理安排制棒和排场季节　根据第五章第一节生产季节安排和原辅料准备的相关内容合理安排生产季节。

3.做好生产环境卫生消毒工作　冷却室、接种室、培养室（棚）应设在干净，通风，阴凉，周围无污染，远离仓库、畜舍、禽棚的地方，并且应与原材料仓库、菇房、配料场保持一定的距离或有良好的防污染障碍物。要认真做好三室一场所的环境卫生，彻底清理四周的垃圾、杂草及受污染的杂物，保持清洁卫生，并做好环境的消毒工作，减少污染源。对已使用过的培养场所或新场地使用前要冲洗干净，用甲醛或硫黄熏蒸24小时，其四周要用2%甲醛或1%～ 2%的石灰水等杀菌剂喷洒地面，或直接将石灰粉撒施地面以杀死病菌。同时还要用国家允许使用的广谱的杀虫、杀螨剂杀虫，防治病虫感染。

4. 把好培养料的配制关

（1）选用优质的原辅材料。使用的原辅材料，如木屑、棉籽壳、米糠、麸皮等，应新鲜、无霉变。木屑的颗粒适中，不可过大，且不能含有松、樟树等具有油脂和芳香气味的木屑，以免危害黑木耳菌丝生长。

（2）科学配制培养基。在制作黑木耳栽培袋时，采用的培养基中氮源含量应低于香菇培养基，麸皮含量一般控制在干料总重的15%～20%，可根据栽培季节、海拔高度适当地调整。特别应注意的是，由于南方是高温期间制棒养菌，一般培养基配制时不加糖。具体可参照第五章第二节培养基配制相关内容。

（3）控制培养料含水量。黑木耳是好氧型真菌，培养基（原种、栽培种及栽培袋）含水量应控制在50%～60%。若过干菌丝生长不好，若过湿容易感染杂菌。同时拌料要均匀，含水量要一致。

（4）调节培养料酸碱度。制作菌种或菌棒（包）时，需将培养料调到最适的酸碱度，以促进黑木耳菌丝快速萌发定殖，健壮生长，增强抵抗杂菌的能力。黑木耳培养料的酸碱度应调至pH 5～6.5。若pH在5以下，则黑木耳菌丝长势差，生命力弱，有利于绿霉、青霉、根霉等真菌性病害的发生；若pH偏高，不利于黑木耳菌丝的生长，却有利于细菌性病害的发生。因此，在使用棉籽壳（特别是用石灰水预浸过的）生产菌种和菌棒（包）时，因为棉籽壳略带碱性，一定要注意控制棉籽壳的用量，调节培养料的pH，否则极易引起细菌性病害的发生。

（5）防止培养料发酸变质。木屑应完全晒干后，方可贮存。现在大多数耳农边粉碎木屑边制棒（包）。从培养料配制到灭菌，以当日尽早完成为宜，特别是高温季节，间隔时间越长，培养料越容易发酵变质。如遇特殊情况，当天不能进行装袋灭菌，则应测其酸碱度，加入适量的石灰，调整培养料的酸碱度。

（6）防止菌袋破损。有以下几种方法。①选用厚薄均匀、料面密度强、韧性好、无砂眼、无破损，未掺入旧料加工的塑料袋。②制棒（包）的每一个环节，如装袋、灭菌、冷却、接种、搬运、培养等过程，都要小心操作，减少破袋，如发现破袋，用塑料胶布立即补上。③当菌种或菌棒（包）灭菌结束，应将菌棒（包）堆放在密闭的冷却场所或专用冷却室冷却，并在冷却期间放入气雾消毒剂熏蒸消毒，防止杂菌污染。

5. 培养料灭菌要彻底　制作菌种和菌棒（包）时，灭菌操作要符合要求，防止灭菌时间够，但灭菌温度达不到要求，或灭菌温度够，但保温的时间不足等问题发生。

6. 严格无菌操作　无菌操作是减少杂菌污染的关键措施。接种操作的空间环境必须严格净化、灭菌和消毒，接种工具、工作人员的手、衣帽，都必须进行严格消毒。在生产中应注意以下几点：

（1）控制空间消毒时间为30～40分钟，不可过长，也不可过短。若气雾消毒时间太短，无法彻底消杀接种室或接种箱内的杂菌、孢子和芽孢；若消毒时间过长，未经消毒的空气交换至接种室或接种箱内，增加感染风险。

（2）接种人员进入接种室后严禁打开门、窗，造成空气对流。

（3）接种工具除了在接种前用75%酒精消毒外，在接种的过程中还要定时消毒。接种针、打孔器、镊子等要在酒精灯上灼烧。

（4）接种操作速度要快，尽量减少瓶口、袋口、接种穴等接种口暴露在空气中的时间。

（5）待菌棒（包）冷却到25℃以下时再接种，以防高温烧菌。

7. 加强培养管理

（1）适温、低湿培养。黑木耳菌丝培养温度应控制在

25～28℃，空气相对湿度应控制在70%以下。培养室应选择阴凉、干燥、通风良好的场所，菌种生产上应配备温湿气控制系统。

（2）及时检杂，科学处理。菌种生产在接种后，当菌丝定殖吃料1～2天后进行1次检查，以后每隔7天左右检查1次，直至菌丝发满袋、瓶、管。要及时捡出被污染的菌种，特别是棉塞上，瓶、袋壁外表出现暴露型污染的菌种，要小心操作，科学处理，以控制杂菌的蔓延传播。对于培养料可重新利用的污染棒（包），拆开后掺入新料重新配制灭菌。如果污染较轻，可用75%酒精或10%～15%福尔马林注射污染部位，控制病斑扩展，待菌丝发满袋并达到生理成熟后直接用于出耳。如果污染较重，传染性较强，培养料又不能直接用于出耳，则应远离生产场所，作烧毁或深埋处理。

对于杂菌孢子长出袋外暴露型污染的菌袋，例如链孢霉污染时，最好是在分生孢子团呈浅黄色时，即尚未成熟或未形成分生孢子时及时处理。如果已产生分生孢子团（呈橘红色时），应用潮湿的布包裹好感染部位搬离培养室，搬动时要轻拿轻放，减少震动，尽量减少分生孢子的飘散危害，或者用少量的煤油、柴油蘸湿感染部位，控制杂菌蔓延。

第三节　黑木耳虫害防治

危害黑木耳的害虫主要有双翅目、鳞翅目、鞘翅目、弹尾目和缨翅目等，其中以双翅目害虫种类多、数量大，危害最为严重。主要有眼菌蚊（*Lycoriella* sp.）、白翅型蚤蝇（*Megaselia* sp.）、黑腹果蝇（*Drosophila melanogaster*）、黑光伪步甲（*Ceropria intuta*）、蓟马（*Hoplothrips fungosus*）、黑翅土白蚁（*Odontotermes formosanus*）、螨类等。

一、黑木耳害虫主要来源

（一）发菌期害虫来源

（1）随黑木耳原辅材料带入生产过程。

（2）潜伏于原辅材料仓库，拌料装袋室，冷却室，接种室，培养室（棚）的门、窗、地面，顶棚的缝隙中。

（3）来源于冷却室、接种室、培养室（棚）外的四周。

（4）来源于空房消毒时未被杀死的成虫或虫卵。

（5）随着菌种和生产工具带入的成虫、幼虫、蛹和卵。

（二）排场期害虫来源

（1）连续栽培黑木耳的耳场，上季生产留下的废菌袋、废菌渣及装麸皮后的编织袋等容易滋生害虫。

（2）耳场四周的污染源，比如离耳场比较近的原辅材料仓库，养菌棚、废菌棒处理堆放场所、畜禽养殖场所等。

（3）耳场前季轮作的农作物生产未处理彻底的秸秆容易滋生害虫。

（4）排场期间随菌棒（包）从培养室或培养棚带入耳场。

（5）土壤和水源中的害虫。

二、虫害的防治措施

由于南方黑木耳生产周期中气温比较高，不像北方，可以通过冬天的极寒天气降低病虫基数。黑木耳生产传统产区一般都有香菇和其他菌类的栽培，基本上形成了时间和空间连续栽培，害虫可以通过更换寄主繁殖生长。南方黑木耳栽培虫害越来越严重，一旦虫害侵入生产过程，在黑木耳菌棒（包）内不断繁殖，很难有好的防治措施，防治效果不理想。可用的药也很少，用药不但会对黑木耳菌丝产生药害，而且排场期用药会影响木耳的质量。因此抓好黑木耳生产过程各场所的环境卫生、落实以防为主的病虫防治措施，尤为重要。

（一）发菌前期虫害防治措施

1.做好冷却室、接种室、培养室（棚）的三室规划布局 要远离培养料仓库、饲料间和禽畜棚等，杜绝害虫通过培养料侵入。料棒加工厂、养菌中心建设在规划时，在空间布局上，要在三室的四周规划排水沟，在排水沟中放满水，防止爬行类害虫进入三室。

2.做好冷却室、接种室、培养室清理消毒工作 三室在生产结束后，要进行一次彻底的大扫除，彻底清理三室四周及室（棚）内的废弃菌袋、废菌渣和其他杂物，并撒上生石灰消毒，室外养菌棚最好掀开薄膜通风曝晒5 ~ 7天，晒死虫和虫卵，避免害虫大量繁殖。在使用前48小时，还需彻底清理三室四周及室内，并结合杀菌工作，朝空中喷洒1%石灰或漂白粉的上清液，让空气中虫及虫卵附着在水滴上落到地面，再用1%石灰或漂白粉拖洗地面，三室空间用气雾消毒剂、硫黄和福尔马林进行密闭熏蒸，杜绝虫源。

3.严格检查菌种 菌种在使用前，可用放大镜检查瓶口、袋口周围及瓶（袋）内菌种表面是否有虫爬过或吃过的痕迹或缺刻。如发现菌螨幼虫、蛹、虫卵的菌种，切不可使用，需用高温杀灭后废弃；其余同批的菌种要仔细检查，尚未发现有虫害的的菌种，需在使用前1 ~ 2天用杀虫剂药液熏蒸连续杀虫，杜绝隐患。

4.做好发菌期药剂防治 发菌期间，如发现菌丝有萎缩现象，需用放大镜仔细检查，发现菌螨后要及时喷药杀灭。可用杀虫剂全面喷洒料面、床架、墙壁及地面，密闭熏蒸18小时；如仍有菌螨，需再喷一次，但每次用药量不宜过大，最多喷2 ~ 3次，以免引起药害。

5.诱杀法防治 菌螨、菌蚊危害较轻时，可利用糖醋液或肉骨头诱杀。虫类对肉香特别敏感，可在耳场四周分散放置一些新鲜肉骨头，待菌螨聚集到骨头上后，将骨头投入开水中烫死菌螨，骨头捞起后继续使用。土壤中有害虫时，可用黄板诱杀。也可用糖醋液诱杀，即用醋3份、糖2份、白酒0.5份、杀虫剂0.5份、水4份配制而成；调和均匀后，将纱布在药液内浸透，然后覆盖在土层上，待菌螨聚集到纱布上后，放进沸水中杀死；纱布拧干后，再继续使用，逐渐将菌螨全部杀灭。

（二）出耳期虫害防治

子实体生长期不可喷药，危害较轻时，可用诱杀法防治，或在第一潮耳采收后处理。

1.搞好耳场环境卫生　铲除耳场周围的杂草，清除场内垃圾、枯枝落叶及砖瓦碎石，使害虫无藏身之地。

2.人工捕杀　蛞蝓、蜗牛均有昼伏夜出的习性，可在黄昏、阴雨天进行人工捕捉。

3.阻隔防治　在耳场周围设立药剂阻隔带或水沟围隔，并定期向沟内喷洒残效期长的药剂，防止成、幼虫进入场内为害。每隔3～4天撒一次生石灰，效果也很好。

4.挖巢灭蚁　蚁巢表面或附近堆土有疏松，形成泥被、泥线等特征，以此来判断蚁巢的位置，进行挖巢灭蚁。白蚁迁移出巢交尾季节，可设置诱虫灯，诱杀有翅白蚁。

第四节　黑木耳草害防治

南方黑木耳出耳管理期一般在9月中下旬至翌年4月下旬。过了冬季，翌年2月气温回升，万物开始复苏生长，加上近几年暖冬气候比较多，很多杂草在冬季就开始生长。到了春季，大量的杂草长在耳畦上和畦沟里，郁郁葱葱，既影响耳农的农事操作，又使耳棒处于杂草创建的高湿环境中，耳棒易霉变、长虫。如何防治耳畦上杂草问题，成了困扰耳农的一大难题。人工除草，劳动强度大，费工费时；用除草剂除草，耳棒上又长满了木耳，影响黑木耳的质量。因此，南方黑木耳栽培必须在耳棒排场前提前做好耳场草害的防治，否则排场后就很难解决杂草防治问题。

由于南方黑木耳栽培采用耳稻轮作模式，水稻收割脱粒后产生大量的稻草，荒郊野外长满了芒秆，稻草、芒秆无害化处理成了一大难题。耳农就地取材，利用稻草、芒秆加上塑料薄膜、黑白膜及编织袋、养护毯等防治杂草，即防治杂草又保湿，还可以循环利用稻草，变废为宝。

一、“黑白膜+稻草”防治杂草法

黑白膜是一种一面白色、一面黑色的塑料膜，覆盖在耳畦上，黑白膜覆盖下的杂草由于见不到阳光，缺少氧气，就不会萌芽和生长，或生长很慢。如果采用单一稻草覆盖，春季稻草腐烂后易使黑木耳菌棒底端陷入畦面上的污泥中，造成底部菌棒和耳片腐烂，或沾满泥沙，影响黑木耳的产量和质量。在多年的黑木耳生产过程中，通过不断的试验，总结了用“黑白膜+稻草”防治杂草的好方法，主要做法为：黑白膜在使用之前，按横距20厘米、纵距30厘米、孔直径1厘米的规格预先打孔，将打过孔的黑白膜白面朝上、黑面朝下平铺在畦面，膜的宽度要比畦面宽60 ~ 80厘米，使黑白膜的两边沿畦沟方向紧贴畦边，防止畦边和畦沟里的杂草生长，打孔的作用是防止雨水积在畦床上。如果农户有很好的保湿措施，黑白膜可直接用于防止杂草，但南方的黑木耳因为是露天栽培为主，晴天喷水后很难保持稳定的湿度，保水比较困难，农户往往需要在畦面上再铺一层稻草，稻草的主要作用是增加喷水后的吸水能力，保持空间湿度。

二、“薄膜＋稻草”防治杂草法

塑料薄膜由于价格比较便宜，购买比较方便，农户习惯用薄膜防止杂草。但是由于薄膜强透光，单独使用，不能很好的抑制杂草生长，一般采用在薄膜上覆盖稻草或芒秆的办法，做法为：使用之前按横距20厘米、纵距30厘米、孔直径1厘米的规格预先打孔，然后将塑料薄膜平铺在畦面上，再在薄膜上面铺一层稻草或芒秆。

三、芒秆覆盖防治杂草法

芒秆为多年生草本植物，高1～2米，秆粗壮，生长在山坡或荒芜田野中，全国大部分地区均有分布。芒秆适应性强、繁殖快，不仅生态价值低，而且存在很大的森林火灾隐患。南方各地每年除芒后的资源化利用是一道绕不开的课题。将芒秆用于覆盖耳畦上，可以防止雨天或黑木耳喷水时泥沙溅在耳片上，且芒秆不容易腐烂引起虫害，防止杂草生长的效果非常好，为芒秆合理化利用找到了很好的途径。

四、编织袋覆盖防治杂草法

黑木耳主产区每年产生大量盛装木屑、麸皮、米糠等原辅材料的编织袋，如果不加以利用、随意丢弃在生产场所，易滋生杂菌和螨虫，对生产和生活环境造成很大的影响。可将这些编织袋洗净晒干，覆盖在耳畦上防治杂草。由于编织袋本来就有缝隙，不容易积水，因此无需打孔，直接覆盖除草，防治杂草效果非常好，可以节省很多成本。

五、养护毯覆盖防治杂草法

养护毯既透气又遮光，近几年，南方地区的耳农将养护毯用于耳畦上防治杂草，收到了良好的效果。做法为：将适量宽的养护毯平铺在畦面上，沿着畦沟方向紧贴在畦边上，但不要铺至沟底，防止雨水长期浸泡，大量於泥积在养护毯上。养护毯用后，晴天洗干净，第二年生产木耳时还可以重复使用。

第七章　黑木耳贮存及加工

黑木耳贮存及加工在黑木耳全过程中占有非常重要的地位，其好坏直接关系到黑木耳的品质和售价。

第一节　黑木耳贮存

黑木耳干制分级后可分别装入塑料袋中，密封后置于木箱或纸箱内，放在通风干燥处。贮藏期间应做到以下三点。

一、杜绝虫源

危害黑木耳产品的害虫有长角扁谷盗、白蚁、谷蛾等，常常在仓库缝隙、杂物、包装物等处越冬，因此在贮藏黑木耳前，应清理室内外杂物，用高效低毒的杀虫剂进行空仓消毒，密闭2 ~ 3天，通风1天后，即可装耳入仓。最后在仓库周围撒施石灰粉等，防止室外害虫进入室内。

二、防止受潮

黑木耳受潮后，极易导致虫害。因此，进库前必须干燥处理，使黑木耳含水量不超过国家标准，并摊晾装入塑料袋中，密封后放置于防潮木箱或纸箱内，箱内可放入干燥剂防潮，每隔30 ~ 40天检查1次。若干燥剂已吸潮，应取出晒干或烘干后再放入箱内；若黑木耳回潮，应及时重新晒干或者烘干。

三、及时杀虫

如果贮藏期间发现害虫，应采取措施及时杀除。一是将黑木耳经强光曝晒1天或采取烘干机在50℃左右烘干40 ~ 50分钟的方法，杀灭害虫。二是仓库采取抽出氧气注入氮气，或向室内灌注二氧化碳气体等措施使室内含氧量降至2%以下，持续2天，使害虫窒息而死。三是闭仓熏蒸，在黑木耳贮藏期害虫大量发生时，应采用熏蒸剂对仓库进行熏蒸。此方法短期见效明显，常用熏蒸剂必须无农药残留。一般每立方米空间用6 ~ 9克磷化铝，分散于仓库内，12℃以上密闭96小时，熏蒸结束后通风10天以上即可。熏蒸期间要特别注意周围50米内的人、畜和禽的安全。

第二节　黑木耳精深加工

目前，黑木耳主要以初产品销售为主，附加值不高。主要用途还是以菜肴为主。但是作为菜肴，干耳需要经过泡发、煮等预处理过程，程序较为烦琐，而年轻人更容易接受营养、便捷的功能性食品。黑木耳含有大量的胶质，有效成分提取有一定的难度，国内产区有黑木耳即食食品、休闲食品的加工，但普遍规模不大，也没有知名度高的品牌。

一、黑木耳产品开发现状

我国食用菌长期以鲜食为主，加工率仅有6%，且加工产品非干（简单的干制品）即咸（盐渍制品），精深加工率不到总加工产品的10%，远低于美国、日本、荷兰等国75%以上的加工率。加工技术落后造成了产品更新慢、产业链条短、高值化利用度低等问题。研究表明，农产品加工程度不同，效益也大不同。第一层级产地初加工，产品增值20%以上；第二层级食品加工和食品制造，产品增值60%以上；第三层级共产物梯次利用，产品增值3倍以上。食用菌加工效益，比一般农产品更高。从整体上看，我国黑木耳产业具有规模大、技术成熟、市场相对稳定、投资少、效益明显等优势。我国黑木耳产量占世界的90%以上，目前，深加工短板已成为制约产业发展的瓶颈，主要表现有：①加工产品大多为粗加工，原料级产品多，附加值低，市场竞争力弱，消费形式单一；②科研单位的研发技术与有完整销售渠道的企业未能有效融合，以致于创新驱动力不足，资源利用有待优化；③生产技术水平低，高能耗，不环保，原料劣变速度快，产品稳定性差。当前，以黑木耳或其提取物为原料的加工产品主要应用在食品、保健品、药品和化妆品等领域（图7-1）。

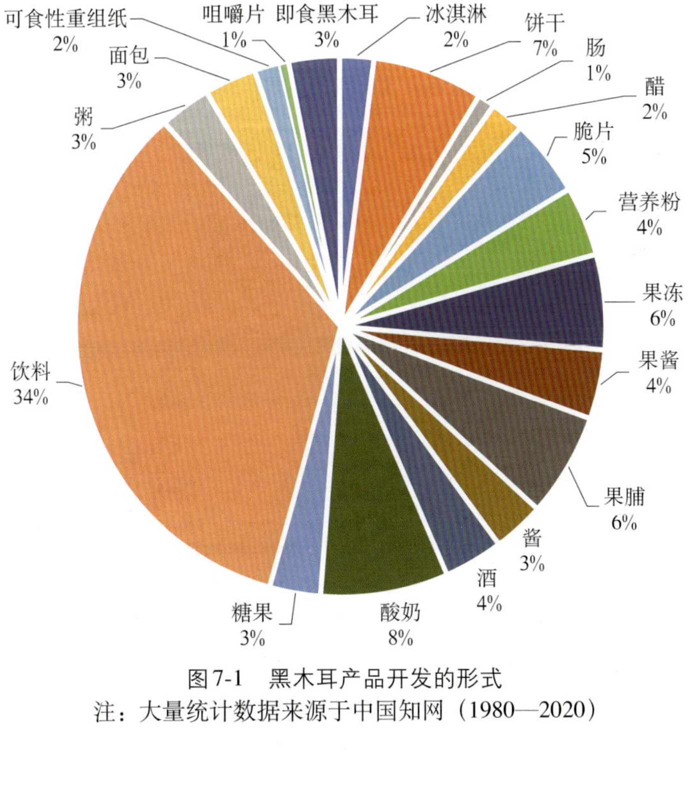

图7-1　黑木耳产品开发的形式

注：大量统计数据来源于中国知网（1980—2020）

（一）黑木耳在食品领域的加工应用

黑木耳在食品领域主要用于生产代餐食品和饮料，如黑木耳多糖馒头、黑木耳蛋糕、黑木耳饼干、速泡黑木耳、低糖黑木耳羹制品和粥制品、黑木耳饮料、黑木耳复合果冻等。目前，市场上以黑木耳为原料的精深加工产品主要有黑木耳超微粉、黑木耳营养餐和速食食品等，而以黑木耳提取物如黑木耳多糖等为原料或辅料的产品则较少。

（二）黑木耳在保健品领域的应用

通过探讨黑木耳多糖的提取工艺，国内已成功开发黑木耳多糖口服液、黑木耳凝胶颗粒冲溶产品、富硒黑木耳含片、黑木耳多糖软胶囊、黑木耳全粉咀嚼片、黑木耳寡糖和黑木耳降血脂酵素等产品。

（三）黑木耳在药品领域的应用

据《中国药典》记载，以黑木耳为主要成分的中药妙济丸，可用于肝肾不足、风湿瘀阻所致的痹病，有补益肝肾、祛湿通络、活血止痛的功效。黑木耳还在强骨生血口服液、东方活血膏、骨疏康颗粒、产复康颗粒、益脂平胶囊等药品中作为处方成分之一发挥重要的作用（图7-2）。

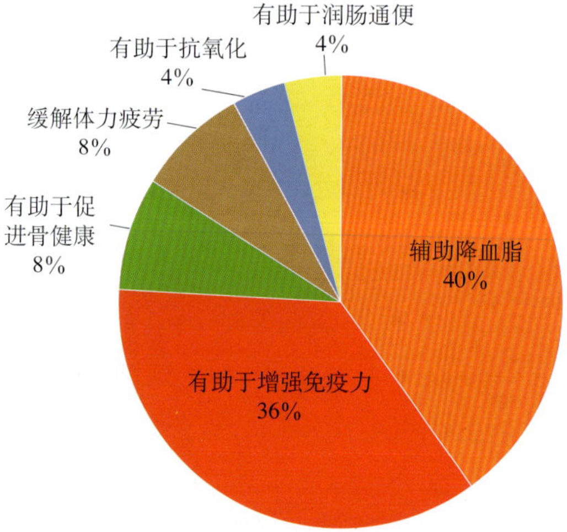

图7-2　黑木耳相关的保健食品开发情况

注：统计数据来源于国家市场监督管理总局保健食品数据。

（四）黑木耳在化妆品领域的应用

目前，黑木耳在化妆品领域主要应用于面膜的开发，如黑木耳与火山泥复混面膜、黑木耳嫩白面膜粉等。

二、未来黑木耳产品开发趋势

黑木耳深加工关注的重点是活性成分的提取技术创新和作用机理研究。当前制约黑木耳在药品领域应用的重要原因是人们对其活性成分发挥作用的具体机制尚不清楚，明确其作用机理可促进基于活性成分的定向功能的特色产品开发。另外，研发复配功能产品也是黑木耳开发成为高附加值产品的有效途径，例如将黑木耳多糖与银耳、山楂等有效提取物复配，可有效预防高脂血症。

三、黑木耳精深加工产品

（一）调味黑木耳饮料

1.配方　孔祥辉等以黑木耳为原料，在温度为50℃、pH为5.0的条件下，加入含量为100国际单位/克纤维素酶，改变底物浓度至2.5%，经1.5小时反应后，所得黑木耳的浸提得率为9.5%。配方：黑木耳提取液70%、柠檬酸（0.01摩尔/升）4%、蔗糖6%、冰糖雪梨香精0.02%、羧甲基纤维素钠0.4%，加蒸馏水至100%。

2.工艺流程　干黑木耳→挑选（除杂）→粉碎→酶水解→过滤→调配→灌装→杀菌→冷却→成品。

3.操作要点

（1）挑选（除杂）。取无虫害的干黑木耳，去除杂质，如尘土、木屑等，备用。

（2）粉碎。将干黑木耳经粉碎机粉碎，过100目筛，备用。

（3）酶水解。将黑木耳粉溶于水中，调节pH后加入纤维素酶，经50℃反应一定时间后，得到酶解提取活性物质。

（4）过滤。将提取的黑木耳汁经260目纱布过滤后得到澄清液体，冷却备用。

（5）调配。向制得的澄清黑木耳汁中加入柠檬酸、香精、蔗糖和羧甲基纤维素钠。

（6）热灌装。将黑木耳饮料在60℃以上条件下加热，罐装至灭菌玻璃瓶后封口。

（7）杀菌。进行巴氏杀菌，冷却至室温即可。

（二）双耳悬浮饮料

1.配方 孔祥辉等开发了双耳悬浮饮料，该产品以黑木耳和银耳为主要原料，黑木耳0.4%、银耳0.6%、白砂糖6%、柠檬酸0.07%、蜂蜜4%、复合胶黏剂，加蒸馏水至100%。所得双耳颗粒饮料无色透明，悬浮状态，质地均匀，微甜，具有蜂蜜的自然香气，口感清凉。

2.工艺流程 黑木耳、银耳→挑选→清洗→浸泡→造粒→调配→灌装→杀菌→冷却→成品。

3.操作要点

（1）浸泡。将除杂后的黑木耳、银耳在35℃热水浸泡2小时，备用。

（2）造粒。将浸泡后的黑木耳、银耳剪成2毫米×4毫米左右的颗粒。

（3）调配。将复合胶黏剂F、G、H，柠檬酸、蜂蜜和白砂糖溶于水中，加热，搅拌20分钟后，加入黑木耳和银耳颗粒，搅拌。

（4）灌装。在双耳果肉饮料大于60℃时，将其热灌装入无菌玻璃罐中。注意：迅速封盖，少留顶隙，防止饮料沾在罐口及罐外壁。

（5）杀菌。灌装后在75℃水浴下进行杀菌，首先将瓶盖缝隙杀菌5分钟，而后将瓶盖封严杀菌30分钟，冷却即可。

（三）黑木耳枸杞悬浮饮料

1.配方 刘明华等以黑木耳、枸杞为主要原料，通过正交试验得到黑木耳枸杞悬浮饮料最佳配方，即黑木耳片30%、木糖醇6%、枸杞5%、魔芋粉0.05%、黄原胶0.05%、氯化钠0.05%、卡拉胶0.05%、磷酸二氢钾0.01%、羧甲基纤维素钠0.01%、柠檬酸0.07%、琼脂2%、β-环状糊精0.01%，加纯净水至100%。经泡发、清理、切片、预煮、混合调配、灭菌、灌装等步骤即可制得黑木耳枸杞悬浮饮料。

2.工艺流程

β-环状糊精、复合稳定剂

↓

黑木耳→浸泡→分选→切片→预煮→混合→调配→灭菌→灌装→二次灭菌→冷却→成品。

↑

木糖醇、柠檬酸、柠檬酸钠

3.操作要点

（1）黑木耳预处理。选取大小均匀、形状完好、未变质的优质黑木耳，经纯净水浸泡1小时待其发好后，除去根部及表面的木屑等杂质，清洗干净后用切片机将其切成0.5厘米的方块或三角形块，之后在适当的温度下用纯净水预煮一定时间。

（2）黑木耳悬浮饮料稳定剂的选择。黑木耳饮料口感制备的关键是选择合适的稳定剂将黑木耳片悬浮在其中，根据单因素实验考查黄原胶、羧甲基纤维素钠、卡拉胶、琼脂的稳定性，最后通过复配的方法确定黄原胶、羧甲基纤维素钠、卡拉胶、琼脂所达到稳定性的比例（以1 000转/分离心5分钟后看分层高度）。

（3）黑木耳悬浮饮料配方的确定。根据合适的比例称取枸杞、魔芋粉、氯化钠、磷酸二氢钾、黄原胶、羧甲基纤维素钠、卡拉胶、琼脂复合稳定剂，将其与0.1%的β-环状糊精、适量的柠檬酸、木糖醇共同混合在纯净水中，加热溶解后向其中加入已处理的黑木耳片，通过调香调色，定容，灭菌，热灌装，二次灭菌和冷却即可得到黑木耳饮料，而后进行品尝评价。评分标准：①感官评价。组织状态20分、色泽10分、香味20分、口味20分。②稳定性评价。30分，通过感官正交试验最终确定黑木耳悬浮饮料中黑木耳片、复合稳定剂、柠檬酸、木糖醇添加量的最佳比例。

（四）黑木耳复合露

马玉侠等将黑木耳泡发，浸煮之后打浆离心得到黑木耳汁，再将红枣、山楂破碎，打浆离心，将3种原浆按照配方调配，添加调味剂，均质、灭菌、灌装。制得的黑木耳复合露口感柔和滑爽，酸甜适口，保持了天然木耳及相应果品清香协调的气味，且具有一定保健功能。产品达到了口味和营养、品质与保健的协调统一。

1.工艺流程

黑木耳浸泡→揉洗净选→煮沸

↓

红枣、山楂清洗→破碎→软化浸提→打浆→离心→混合浊汁→调配→均质→瞬时高温灭菌→灌装→产品。

↑

白糖、酸味剂→溶化→过滤

2.操作要点

（1）黑木耳汁提取。将黑木耳在15 ~ 20倍的水中浸泡，使其泡涨，之后去除杂质。清洗干净之后在开水中煮沸3 ~ 5分钟，打浆离心得汁，备用。

（2）红枣、山楂汁的提取。将红枣和山楂去核破碎，泡软浸提后打浆离心得汁，备用。

（3）调配。将黑木耳汁、红枣山楂汁根据口感要求进行调配，将糖、酸溶化后过滤，与黑木耳汁、红枣山楂汁混合、定容。

（4）高压均质。将调配汁加热到60 ~ 70℃后，进行高压均质机均质2遍（压力60兆帕），使果肉汁细化呈乳浊状。

（5）灭菌罐装。物料进行瞬时高温灭菌（温度110℃，时间

3～5秒），而后迅速冷却到60℃以下，在无菌条件下进行灌装、封口、冷却、验质。

（五）花生、红枣、黑木耳饮料

1.配方　吴琼等以花生、红枣、黑木耳为原料，配料如下（以500毫升饮料计）：花生∶红枣＝1∶1.5（料液比1∶14）、白砂糖4%、黑木耳多糖提取液3%、单甘酯0.2%、海藻酸钠0.2%、羧甲基纤维素钠0.3%、卡拉胶0.2%，加纯净水至100%。所制的黑木耳饮料口感良好、细腻、稳定性优良，为之后的生产提供参考价值。

2.工艺流程

花生、红枣、黑木耳多糖提取液→调配→均质→杀菌→无菌灌装→成品。

3.操作要点

（1）原料预处理。花生：取花生仁200克，炒熟后去掉外皮，在50倍的水中浸泡2小时，打磨成浆，过滤备用。红枣：取红枣300克，去核，剪成小块，在50倍、90℃水中浸泡2小时过滤，得汁备用。黑木耳：打磨粉碎后过20目筛，在50倍的水中浸泡2小时，在热水浸提2小时，得到黑木耳多糖提取液。各种辅料按要求称好后在水中浸泡，其中卡拉胶要浸泡24小时。泡好后的辅料用胶体磨磨浆，过滤备用。

（2）调配。将原辅料按照配方的比例调配。

（3）均质。在20兆帕压力下均质。

（4）杀菌。在145℃、3秒进行瞬时杀菌。

（5）灌装。无菌灌装。

（六）桂圆、红枣、黑木耳饮料

1.配方　陈峰等以黑木耳为主，桂圆和红枣为辅，并添加调味剂和稳定剂，研发了一款专为女性设计的、具有养血驻颜、静心安神等保健功能的黑木耳饮品，为之后的开发大生产提供依据。配方如下：黑木耳汁20%、红枣汁50%、桂圆汁10%、赤砂糖5%、卡拉胶0.08%、黄原胶0.02%、结冷胶0.02%、柠檬酸钠0.05%，加纯净水至100%。

2.工艺流程

稳定剂、赤砂糖粉、柠檬酸钠
↓
黑木耳、桂圆肉汁、红枣汁→混合→熬煮→搅拌→定容→灌装→封盖→灭菌→冷却→摇匀→成品。

3.操作要点

(1) 桂圆汁生产工艺流程。将桂圆肉清洗后，在100℃提取0.5小时，所得提取液用150目纱布过滤，滤液在100℃提取0.5小时，经150目滤布过滤，合并两次滤液，定容至一定体积，即可。

(2) 红枣汁生产工艺流程。将红枣清洗后，在100℃提取0.5小时，所得提取液用150目纱布过滤，滤液在100℃提取0.5小时，经150目滤布过滤，合并两次滤液，定容至一定体积，即可。

(3) 黑木耳汁生产工艺流程。黑木耳精粉过100目筛，熬煮10分钟后定容，即可。

(七) 黑木耳、决明子、辣木叶复合饮料

李旺等研制出一种以黑木耳、决明子、辣木叶为原料的复合饮料，该产品中原料复合浸提液体积比为黑木耳浸提液：决明子浸提：液辣木叶浸提液＝2 ：2 ：1，配方为（以100毫升计）复合浸提液30毫升、结晶果糖2.3克、甜菊糖苷0.05克、有机酸（柠檬酸：苹果酸＝2 ：1）0.075克、黄原胶0.03克、羧甲基纤维素钠0.1克，加水至100毫升。所得到的复合饮料口感细腻，稳定性优良，并且具有丰富的营养价值，可为今后黑木耳等天然资源的精深加工、开发提供基础。

1.黑木耳浸提液的制备

（1）工艺流程。

黑木耳浸泡→清洗→切分打浆→胶磨→预煮→浸提→过滤→调配→黑木耳浸提液

↑

β-环状糊精

（2）操作要点。

①浸泡、水洗。取适量无霉变的黑木耳，在40℃的水中浸泡，使其泡发，复鲜5～60分钟后，去除表面杂质，如泥沙、木屑等。

②破碎、胶磨。加入适量浸泡好的黑木耳，先将组织捣碎，再用胶体磨细磨。

③浸提。将磨好的黑木耳加入水（料液比1∶60），在温度70℃条件下浸提60分钟，滤液用4层140目纱布过滤，滤渣中加入干木耳重量20倍的水，在温度为70℃条件下浸提30分钟，共提2次，2次滤出的汁液合并后备用。

2.决明子浸提液的制备

（1）工艺流程。

决明子→清洗→烘干→炒制→保温浸提→过滤→决明子浸提液。

（2）操作要点。选择品质优良的决明子，清洗后常温干燥，而后生炒3～5分钟，注意温度不宜太高以免产生焦味，待决明子变色、出现咖啡味即可停止。冷却后将其粉碎，加入水进行提取（料液比1∶20），在温度55℃条件下浸提2.5小时，而后经4层180目滤布过滤，即得决明子浸提液。

3.辣木叶浸提液的制备

（1）工艺流程。

辣木叶→清洗→烘干→粉碎→保温浸提→过滤→辣木叶浸提液。

（2）操作要点。

将干辣木叶超微粉碎后，向其中加入水（料液比1 ： 80），在温度为80℃的条件下，水浴浸提30分钟，将提取液经4层180目滤布过滤，即得辣木叶浸提液。

4.复合饮料的制备

决明子浸提液　　　甜菊糖苷、结晶果糖、有机酸
↓　　　　　　　　↓
黑木耳浸提液→胶磨→调配→均质→脱气→灌装→封盖→
↑　　　　　　　　↑　　　　　杀菌→冷却→饮料成品。
辣木叶浸提液　　　稳定剂

5.操作要点

（1）调配。将3种原料液按比例混匀后进行研磨，加入辅料（甜味剂、酸味剂、稳定剂等）制成复合饮料。其中应注意的要点：柠檬酸、苹果酸对甜菊糖苷有消杀作用，会影响其甜味质量，因此有机酸应后加；稳定剂在常温下浸泡20 ～ 30分钟，或在60 ～ 70℃温水浸泡10 ～ 20分钟会自行溶解，因此加水后无需立即搅拌，待大部分溶解后，再进行搅拌。

（2）均质。均质能够使得黑木耳饮料中的微小颗粒细化，使得饮料更加均匀，防止沉淀及分层，均质条件为温度50 ～ 60℃，压力20兆帕，共2次。

（3）杀菌。灌装封口后对瓶子盖子等进行20分钟以上的巴氏杀菌（料液温度应控制在88℃），而后冷却后即得成品，并对相应的指标进行分析。

（八）黑木耳核桃复合乳饮料

1.配方　范春梅等以黑木耳和核桃仁为原料，制得黑木耳核桃复合乳饮料，根据最佳工艺条件，原汁含量8%，黑木耳汁与核桃乳的比例为4 ： 6。其他辅料添加量为：羧甲基纤维素钠10%、白砂糖7%、柠檬酸0.2%、黄原胶0.15%、蔗糖酯0.20%、单甘脂

0.05%，加纯净水至100%。该饮料为乳白色略带灰色，口感细腻，具有黑木耳和核桃仁的滋味和香气，稳定性优良。并且还具有黑木耳和核桃所含的多种营养物质，能够降血糖、健脑，可满足人们的健康需求。

2.工艺流程

核桃仁→筛选→烘烤→脱皮→浸泡→磨浆→过滤→细磨→调配→均质→脱气→装罐→杀菌→成品。
↑
黑木耳→选料→浸泡→清洗→烘干→粉碎→过筛→浸提→过滤

（1）黑木耳汁的制备。

①选料。选择大小均匀、形状完好、未霉变的优质干黑木耳。

②浸泡、清洗。将黑木耳用水浸泡1小时，待其泡发好后，去除表面杂质，清洗干净后备用。

③烘干。洗干净的黑木耳于60℃烘箱中烘干。

④粉碎、过筛。将烘好的黑木耳粉碎后过60目筛，得黑木耳粉备用。

⑤浸提、过滤。按料液比1 ： 60加入蒸馏水，在70℃条件下浸提3小时，所得滤液过4层纱布，滤渣按料液比1 ： 20加入蒸馏水，在70℃条件下浸提2小时，合并2次滤液，而后在4 000转/分离心5分钟得上清，即为黑木耳汁，并测定其原汁含量。

（2）核桃乳的制备。

①选料。将核桃去壳，选取肉质饱满、未损伤和霉变的核桃仁备用。

②烘烤。将核桃仁于110℃烘箱中烘烤20分钟，以减轻腥味。

③脱皮、漂洗。将核桃仁按料液比1 ： 8加入碱水（2%的氢氧化钠溶液），在90℃条件下搅拌3分钟，待脱皮后取出核桃仁，漂洗3遍，以除去表面碱液和皮渣。

④浸泡。在30℃以下的水中浸泡2小时，使得核桃仁充分软化，提高蛋白质的浸出率。

⑤磨浆、过滤。取泡好的桃仁，按料液比1 ：8加入80℃的热水，磨浆后过120目筛，捞出核桃仁，打磨成浆后经20目筛网过滤后，经胶体磨磨细即得到核桃乳，并测定其原汁含量。

3.黑木耳核桃复合乳饮料制备 先将黑木耳汁和核桃乳相混合，再向其中添加白砂糖、柠檬酸及复合乳化稳定剂等，调好后的复合乳饮料经胶体磨细磨后，在30兆帕下均质4次，使乳浆中的脂肪球充分细化，避免产品中出现蛋白质沉淀。之后，将复合固体饮料加热煮沸，3分钟后在其约80℃条件下进行热装罐。而后，于121℃高温杀菌15分钟，即得黑木耳核桃复合乳饮料成品。

（九）黑木耳压缩块

1.配方 100%优质冬耳片。

2.压缩加工工艺流程为

原料→挑选→灭菌→回潮→计量→压缩成型→固形干燥→包装→入库。

3.操作要点

(1) 选料。选择优质秋冬耳耳片，原料购入后，需进一步挑选，剔除杂质以及虫蛀、变色、变质及破碎的木耳。

(2) 灭菌。将原料按常规方法进行严格的高温灭菌，杀灭原料虫卵、病菌等有害物质。

(3) 回潮。压缩前的原料要充分喷水回潮，使其在压缩时不破碎，又便于成型。所使用的水必须是纯净水或蒸馏水。喷水时，要求喷洒均匀，回潮均匀。

(4) 计量。根据成品块重标准和原料含水率计算投料量，称重时要准确无误。

(5) 压缩成型。根据品种、原料的不同及含水率大小，确定压强和保质时间。采用专用压缩成型设备，压强在19.6 ~ 39.2兆帕，保持时间4 ~ 6秒。投料均匀，以免成型后缺少边角，影响外观。

(6) 固形干燥。成型后的产品极易反弹，要用固形夹夹紧送到干燥室进行干燥，经过10小时干燥后，即可保持形状不变。此时可将夹子打开，松散摆放在干燥筛上，再经过继续干燥后即得成品。干燥室的温度应控制在40℃左右为宜。

（7）包装入库。选择块形完整、表面光洁的压缩块进行包装。首先采用玻璃纸每小块1包装，小块再装入小纸盆内，再在小纸盒内放入1小块干燥剂，一般以每20小块为1个中包装，每个中包装后再用热缩包装。通过以上3次包装，可以有效防潮和防止杂菌侵袭，产品保质期达3年。最后用纸箱包装入库。库内温度保持常温即可，但要通风良好，严格防潮。

（十）黑木耳硬糖

1.配方 赤砂糖1千克，黑木耳细粉350克，水100克，食用熟油、香精、佐料少许。

2.工艺流程

（1）黑木耳粉生产工艺。

黑木耳→选料→去杂→干制→研细→过筛→备用。

（2）黑木耳硬糖生产工艺。

赤砂糖→去杂→入锅→加水→煎熬→加粉、佐料、香精→调匀压坯→切块→冷却→包装。

3.加工要点

（1）赤砂糖处理。按加工用量称取赤砂糖，除去杂物后，放入干净的铝锅中，加水用文火煎熬。

（2）黑木耳粉制备。选择优质黑木耳，除去杂质后，经干制处理即入粉碎机磨粉，粉末经筛后，即可备用。

（3）拌料。糖熬到基本溶化，看上去较稠厚时加入黑木耳细粉、香精、佐料，边加边搅拌，使之充分混合均匀后停火。

（4）模具涂油。将食用熟油涂抹在准备好的干净的大搪瓷盘表面，要求匀而厚。

（5）压坯。趁热将糖倒入大搪瓷盘中，稍冷却，即将糖压平，整坯。

（6）切块。用刀将糖坯划切成长4厘米、宽3厘米、厚2厘米的条状块，冷却后，即可包装。

（十一）超微破壁黑木耳粉（片剂）

1.配方 浙江龙泉正大生物科技有限公司以99.7%振动破壁黑木耳粉，0.3%的硬脂酸镁、麦芽糊精和羧甲基纤维素钠，经灭菌、制粒、压片，制成破壁黑木耳粉片剂（图7-3），每粒0.5克，每瓶500粒。

图7-3 超微破壁黑木耳粉（片剂）

2.工艺流程

黑木耳→选料→去杂→干制→破壁→过筛→制粒→灭菌→压片→装瓶。

第八章　黑木耳菜肴

黑木耳口感松脆，本身没有固有的味道，适合加入任何菜肴中，可凉拌、打汁、炒、煮。而且由于黑木耳特有的黑色，可与白色、红色、黄色、绿色等各种颜色的菜品搭配，色香味俱全。且黑木耳泡发率高，酒店用于制作主菜和配菜，可以大大降低物料成本，兼具营养保健功能，广为消费者所喜爱。快捷、简单、方便是现代人对食物的基本要求，因此把黑木耳做成即食食品、预制菜，加工成各种精深加工产品已显得非常必要，也必将有广阔的市场前景。笔者团队深入市场和酒店调研，反复试制、品尝，推出以下黑木耳为主料或配料的菜品：黑木耳冷盘10道、黑木耳汤（汁）羹及其他食品9道、黑木耳炒菜13道、黑木耳汤（煲）6道，供大家参考：

一、黑木耳冷盘

1.双耳拌黄瓜　将银耳和黑木耳提前泡发好，锅中加水煮沸后放入黑木耳和银耳，继续煮1～2分钟，捞出黑木耳和银耳，沥掉水后撕成小朵备用；黄瓜洗净切成片；起锅加入油、蒜片和红米椒，炒出香味，出锅与黄瓜、黑木耳和银耳、少许蚝油和盐翻拌均匀装盘（图8-1）。

2.黑木耳拌西兰花　黑木耳泡发洗净后，锅中加水，烧开后煮1～2分钟沥水备用，西兰花掰成小朵洗净放入锅中焯水1～2分钟，捞出沥水摆盘；起锅加入油和蒜片爆出香味，加入麻油、酱油、盐制成酱汁，最后均匀淋到西兰花和黑木耳上（图8-2）。

图8-1 双耳拌黄瓜（菜肴摄影：张晓华。本章同。）

图8-2 黑木耳拌西兰花

3.爽口凉拌菜 黑木耳提前用清水泡发好，撕成小片；起锅加水烧开，放入黑木耳煮1～2分钟，捞出沥干水分待用；把黄瓜拍裂、切成小块备用；起锅加油，放入花生米小火炒熟、盛出备用；将黑木耳、黄瓜、花生米、香菜、蒜末一起放入容器，再加入香油、辣椒油、盐、白糖、米醋、陈醋、生抽，翻拌均匀，盛出装盘即可（图8-3）。

图8-3 爽口凉拌菜

4. 千禧黑木耳 黑木耳泡发、洗净，焯水1 ~ 2分钟，沥干备用；千禧小番茄切块、彩椒切菱形片摆盘；花生米炸熟备用；在黑木耳中加入盐、味精、香油拌匀装盘即可（图8-4）。

图8-4 千禧黑木耳

5. 千张黑木耳 黑木耳泡发、洗净备用；芹菜切段，千张切条，起锅加水烧开，下入千张、芹菜；黑木耳焯水1 ~ 2分钟，捞出沥干水分；取容器加入千张、黑木耳、芹菜、盐、味精、红油拌匀，装盘即可（图8-5）。

图8-5　千张黑木耳

6.黑木耳沙拉　黑木耳泡发、洗净，焯水1 ~ 2分钟，用纯净水冲凉，沥干水分；取容器，加入黑木耳、沙拉酱、炼乳调均匀，装盘即可（图8-6）。

图8-6　黑木耳沙拉

7.熏鹅拼黑木耳　黑木耳泡发、洗净、焯水、冲凉、沥水；取容器，加蒜末、青红椒粒、盐、鸡精、味精、酱油、陈醋、香油、辣椒油，拌均匀，装盘再与熏鹅拼盘即可（图8-7）。

图8-7　熏鹅拼黑木耳

8.黑木耳石榴包　黑木耳泡发、洗净、焯水、冲凉、沥水；把黑木耳、香菇、胡萝卜和猪肉切丁；起锅烧油，将上述材料加鸡精、味精、盐炒熟，冷却备用；春卷皮用凉水泡透，将炒好的馅料用春卷皮包好，用葱扎紧（小青葱用开水烫一下，冷水泡凉），包好装盘（图8-8）。

图8-8　黑木耳石榴包

9.黑木耳海参冻 黑木耳泡发、洗净、焯水、冲凉、沥水；木耳切丝、海参切小段煮熟备用；猪皮洗净切丝、焯水洗净，加葱、姜、热水、盐、味精、鸡精，放在容器中放入蒸灶蒸1小时，蒸好后滤干，留汤汁备用（也可以用高压锅压制）；把煮熟的海参、甜豆、黑木耳放入模具中，将蒸好的猪皮汤汁倒入模具中，放入冰箱冷藏1～2小时；将定好型的海参冻装盘即可（图8-9）。

图8-9　黑木耳海参冻

10.牛肉菌菇时蔬拼盘 黑木耳泡发、洗净备用；将切好的牛肉、西红柿、玉米、生菜和菌菇摆放到盛有冰块的盘中备用；加热调好味的汤锅至沸腾，将食材放入煮沸的汤锅内，煮3～5分钟即可食用（图8-10）。

图8-10　牛肉菌菇时蔬拼盘

二、黑木耳汤（汁）羹及其他食品制作

1.黑木耳汁　黑木耳泡发、洗净，煮沸5～10分钟，捞起耳片，放入料理机中直接打汁，加水定容，也可以加少许花生米、枸杞一起打汁，打好后倒出即可（图8-11）。

图8-11　黑木耳汁

2.乾坤太极羹　黑木耳泡发、洗净，焯水1～2分钟，用料理机打成末备用；豆腐拍碎，干贝泡发、蒸熟、撕碎备用；起锅烧水加入黑木耳碎、干贝丝、盐、鸡精、味精，水淀粉勾芡，盛出备用；锅内烧水加入豆腐、干贝丝、盐、鸡精、味精，水淀粉勾芡，倒入蛋清搅拌均匀，盛出备用；将黑白两色的羹倒成太极图案即可（图8-12）。

图8-12　乾坤太极羹

3.黑木耳金汤 黑木耳泡发、洗净、切丝、煮熟备用；海参泡发、煮熟备用；锅里加调制好的高汤，倒入提前蒸熟的燕麦、盐、味精、鸡粉、黑木耳，下入海参后勾少许水淀粉，盛出加枸杞点缀装入容器即可（图8-13）。

图8-13 黑木耳金汤

4.黑木耳红枣汤 黑木耳、红枣、花生米泡发、洗净；锅内放入黑木耳和花生米，大火煮15分钟，再加入红枣继续小火煮10分钟即可（边煮边捞去浮沫）（图8-14）。

图8-14 黑木耳红枣汤

5.仔排黑木耳盅　仔排洗净，剁成小块，焯水放入炖盅内；姬松茸和黑木耳泡发去蒂，放入炖盅，加入姜片、开水、少许盐、味精，封上保鲜膜，上笼蒸40分钟以上即可（图8-15）。

图8-15　仔排黑木耳盅

6.黑木耳香煎包　面粉加酵母、白糖、泡打粉，温水和面，揉匀发酵；黑木耳泡发、洗净、切丝、焯水备用；萝卜切丝加入盐、白糖水，挤干水分备用；起锅烧油，加入肉末煸香，加黑木耳丝、萝卜丝翻炒，调入盐、味精、鸡精，炒熟后晾凉；包的时候拌入少许小葱花；取面团擀皮，包入馅料，上笼蒸10～12分钟；平底锅烧热，加入色拉油，将黑木耳萝卜丝包两面煎制金黄，装盘即可（图8-16）。

图8-16　黑木耳香煎包

7.菌菇小笼包 面粉加酵母、泡打粉、白糖、灵芝孢子粉，温水和面、揉匀发酵；黑木耳泡发、洗净、剁碎，加入肉末、香菇末、鸡精、味精、酱油、猪油，拌匀冷藏0.5小时以上，加入葱花；取面团擀皮，包入馅料，大火上汽蒸10 ~ 12分钟即可（图8-17）。

图8-17　菌菇小笼包

8.山海协作 波士顿龙虾洗净，头、脚、大钳切块，身体部分取肉，切成小块备用；起锅烧油，烧到六成油温左右下入龙虾块，炸熟后捞出控油，加蒜片、红辣椒、椒盐翻炒均匀，出锅装盘；将鸡蛋加水、盐，蒸成蛋羹；煮熟的龙虾肉和甜豆分到蛋羹上；黑木耳碎加高汤、南瓜蓉煮熟，调好味后，勾少许水淀粉，浇到龙虾肉上面，装盘即可（图8-18）。

图8-18　山海协作

9.脆皮黑木耳　黑木耳泡发、洗净、沥水备用；取容器加面粉、生粉各一半，用水调成酸奶状，加泡打粉和少许色拉油，调成脆皮糊；黑木耳挤干水分拌到脆皮糊里面，油温四成下油锅炸（黑木耳容易飞溅导致烫伤，炸时注意少量分多次炸）；捞出控油、装盘，撒上孜然粉等调料即可（图8-19）。

图8-19　脆皮黑木耳

三、黑木耳炒菜

1.荷塘月色　黑木耳泡发、洗净；荷兰豆洗净、加少许盐焯水、投凉、沥水备用；山药刮去外皮，洗净，切成菱形片和黑木耳一起焯水，捞出沥干水分备用；起锅烧油，放入蒜末爆香；放入荷兰豆、黑木耳、山药、盐、鸡精，大火翻炒均匀，盛出装盘即可（图8-20）。

图8-20　荷塘月色

2.黑木耳炒比目鱼 黑木耳泡发、洗净，焯水1～2分钟备用；比目鱼去除内脏后，横竖划几刀，切成2～3厘米的方片；起锅烧油，先放入比目鱼片爆炒至边内卷，然后加入黑木耳、料酒、酱油焖5～6分钟，再加青椒、红椒或黄椒一起炒1～2分钟，加入蒜片翻炒、装盘（图8-21）。

图8-21 黑木耳炒比目鱼

3.黑木耳炒肉片 将猪肉横切成薄片，用料酒、酱油、姜末、蒜泥腌制0.5小时左右；起锅烧油，将肉片爆炒2～3分钟，再加入开水烧至肉片半成熟，加入预先洗净焯水后的耳片烧熟，盛出装盘即可（图8-22）。

图8-22 黑木耳炒肉片

4.黑木耳炒芦笋　黑木耳泡发、洗净，焯水5～10分钟；芦笋切成长4～5厘米小段备用。起锅烧油，翻炒芦笋5分钟，加入黑木耳，继续翻炒1～2分钟，加少许开水，盖上锅盖焖熟，盛出装盘即可（图8-23）。

图8-23　黑木耳炒芦笋

5.黑木耳炒娃娃菜　将娃娃切块后洗净晾干，黑木耳泡发、洗净，焯水1～2分钟备用；起锅烧油，放入姜末、大蒜和红椒爆出香味，然后倒入娃娃菜和黑木耳翻炒；加入醋、酱油、鲜蔬粉和盐调味，翻炒数下，盛出装盘即可（图8-24）。

图8-24　黑木耳炒娃娃菜

6.黑木耳家常豆腐 豆腐切块，起锅烧油，将豆腐块煎至两面微黄，捞出控油；黑木耳泡发、洗净，焯水1 ~ 2分钟；起锅烧油，加入大蒜、姜片、干辣椒爆炒出香味；放入豆腐块和黑木耳，翻炒片刻，再放入生抽、盐、水淀粉和清水，翻炒数下，盛出装盘即可（图8-25）。

图8-25　黑木耳家常豆腐

7.黑木耳炒香干 黑木耳泡发、洗净，焯水1 ~ 2分钟；芹菜切成寸段、加少许盐焯水至颜色变深绿，捞出投凉备用；香干切成寸段；起锅烧油，放入蒜片爆出香味，放入香干翻炒2 ~ 3分钟，再加入芹菜、黑木耳、盐翻拌均匀，盛出装盘即可（图8-26）。

图8-26　黑木耳炒香干

8.鱼香木耳　鸡蛋3个炒熟备用；胡萝卜、青椒切丝备用；香菇、黑木耳泡发、洗净、切丝备用；起锅烧油，加入胡萝卜、青椒翻炒数下后，放入1勺豆瓣酱，然后放入葱末、姜末、蒜末爆香；放入香菇、黑木耳，翻炒数下，加入生抽、糖、醋、蚝油、番茄酱、水淀粉，继续翻炒，在炒制过程中如果汤汁黏稠可以加少量清水，待胡萝卜变软后，加少许鸡精和香油出锅（图8-27）。

图8-27　鱼香木耳

9.黑木耳酿虾胶　挑取小碗耳泡发、洗净，在凹面撒少许淀粉，酿上虾胶，用平底锅煎熟；百合洗净去蒂，荷兰豆、胡萝卜切菱形片备用；起锅烧水，下入荷兰豆、胡萝卜焯水，捞出控干；锅滑油，加入蒜片煸香，下入少许高汤，调盐、味精、鸡精，倒入煎制好的黑木耳、荷兰豆、胡萝卜、百合，翻炒均匀，装盘即可（图8-28）。

图8-28　黑木耳酿虾胶

10. 黑木耳炒黄粿 黄粿切条，芹菜切段，黑木耳、胡萝卜切丝备用；起锅烧油，加鸡蛋滑炒，再加入芹菜、黑木耳丝、胡萝卜丝和黄粿翻炒，炒熟后加入酱油、鸡精、味精，翻炒均匀，再关火撒入葱花，翻拌均匀即可（图8-29）。

图8-29 黑木耳炒黄粿

11. 上汤黑木耳 黑木耳泡发、洗净、沥干水分备用；起锅烧油，下入大蒜、咸蛋黄煸香，炒至金黄色，加入高汤，加入黑木耳和虾仁，调入鸡精、味精、盐、猪油，烧10～15分钟出锅即可（图8-30）。

图8-30 上汤黑木耳

12.黑木耳焖双椒 将辣椒洗净去籽、切段备用；黑木耳洗净、焯水；起锅烧油至油温六成热，下入辣椒炸成虎皮状，捞出控油；锅留底油，加入蒜末、肉末煸香，加入少量的开水，调入味精、鸡精、蚝油、酱油、白糖，加入辣椒、黑木耳翻炒，加入少许水淀粉勾芡，淋明油出锅（图8-31）。

图8-31 黑木耳焖双椒

13.干锅黑木耳啤酒鸭 黑木耳泡发、洗净、焯水、控水；老鸭洗净、切块、焯水备用；起锅烧油，加入姜片煸香，加入老鸭炒透，烹入黄酒、酱油、盐、少许白糖，加入热水，上高压锅压15分钟左右；起锅烧油，加入葱、姜、蒜爆香，加入老鸭和黑木耳，收汁、装盘即可（图8-32）。

图8-32 干锅黑木耳啤酒鸭

四、黑木耳汤（煲）

1.黑木耳老鸭煲　黑木耳泡发、洗净，焯水1～2分钟；鸭洗净、切块；起锅烧油，加入老鸭爆炒至外皮焦黄，加入姜块、蒜、盐、料酒、酱油继续炒5～6分钟，加开水没过鸭块，先煮10～15分钟，再加入开水放在炖锅继续炖1小时左右，加入黑木耳和山药继续炖0.5小时即可（图8-33）。

图8-33　黑木耳老鸭煲

2.黑木耳炖老母鸡　黑木耳泡发、洗净，焯水1～2分钟；老母鸡洗净、切块，放入高压锅中，加姜片、大蒜，加入水没过鸡块，上汽15分钟后倒入炖锅中，再加入黑木耳和红枣，小火炖30分钟，加盐调味即可（图8-34）。

3.黑木耳筒骨豆腐丸　筒骨洗净、焯水，上高压锅，加入姜、黄酒、盐、开水，上汽8～10分钟停火备用；豆腐捏碎，控干水，加入肉末、香菇末、黑木耳末、葱花、盐、味精、鸡精、鸡蛋、少许面粉，搅打上劲；起锅烧水，豆腐丸搓圆下入开水中，小火煮熟捞出备用；将筒骨倒入锅中，加入豆腐丸和黑木耳，调好味即可出锅（图8-35）。

图8-34 黑木耳炖老母鸡

图8-35 黑木耳筒骨豆腐丸

4.黑木耳烧鱼头 鱼头洗净、砍成大块备用；鱼肉去骨加入料理机，加入同等量的水，加入盐，顺时针搅打上劲，使鱼蓉能浮在水面上即可，再加入少量的玉米淀粉，搅拌均匀；锅里加入清水，把鱼蓉用调羹刮成均匀的丸子，放入水中，全部下完后开火煮熟备用；起锅烧油，油热下入鱼头煎至两面金黄，加入姜片、黄油、盐，先烧一下，让鱼头入味，再加入开水没过鱼头，烧开后加入鱼丸和黑木耳，继续烧4 ～ 5分钟即可（图8-36）。

图8-36　黑木耳烧鱼头

5.黑木耳汁烩羊肚菌　黑木耳泡发、洗净、焯水，加入料理机榨汁备用；羊肚菌泡发、洗净、挤干水分备用；肉末加盐、味精、少量清水，搅打上劲，用裱花袋装好；将肉末酿入羊肚菌内，口上拍少许生粉；锅内加入高汤，调入鲍鱼汁、蚝油、盐、味精、鸡精大火烧开，下入羊肚菌，小火烧20分钟左右；菜心用开水烫熟，将菜心和羊肚菌摆盘备用；锅里加入黑木耳汁，调味，勾少许水淀粉，淋明油，浇在羊肚菌上面，点缀葱段、小米辣即可（图8-37）。

图8-37　黑木耳汁烩羊肚菌

6.三鲜黑木耳面疙瘩 黑木耳、洗净、切碎备用；面粉加鸡蛋、盐、水、黑木耳碎，调匀，搅打上劲；起锅烧水，下入面疙瘩煮熟，捞出冲凉备用；起锅烧油，下入鸡蛋煎制两面金黄，倒入开水，加入虾、黑木耳、小青菜、盐、鸡精、味精，烧开后下入面疙瘩，烧2～3分钟，放少量的猪油，装入容器即可(图8-38)。

图8-38 三鲜黑木耳面疙瘩

参考文献

蔡为明, 2014. 图说黑木耳栽培. 杭州: 浙江科学技术出版社.

陈香利, 周天天, 李庆伟, 等, 2021. 黑木耳营养功能、产品开发的现状与趋势. 食药用菌, 29(5): 380-387.

何建芬, 王伟平, 曹隆枢, 等, 2009. 黑木耳优质高产栽培技术. 北京: 中国农业出版社.

孔祥辉, 陈喜君, 张介驰, 等, 2021. 黑木耳资源开发与产业化应用关键技术、功效成分及临床应用. 哈尔滨: 黑龙江大学出版社.

孔祥辉, 于德水, 陈鹤, 等, 2018. 黑木耳多糖提取、功能及应用研究进展. 黑龙江科学(22): 12-13.

刘军, 王昕, 2015. 黑木耳多糖的止咳化痰药理作用研究. 实用药物与临床, 18(2): 186-188.

宋小亚, 刘昆, 郑巧平, 等, 2021. 黑木耳新品种“丽耳3号”. 园艺学报, 48(6): 1269-1270.

张介驰, 马云桥, 王延锋, 2022. 寒地食用菌. 哈尔滨: 黑龙江科学技术出版社.

图书在版编目（CIP）数据

南方黑木耳生态高效栽培技术 / 何建芬，叶晓菊，盛立柱主编．—北京：中国农业出版社，2023.10
ISBN 978-7-109-31274-6

Ⅰ.①南… Ⅱ.①何…②叶…③盛… Ⅲ.①木耳-高产栽培 Ⅳ.①S646.6

中国国家版本馆CIP数据核字（2023）第202656号

中国农业出版社出版
地址：北京市朝阳区麦子店街18号楼
邮编：100125
责任编辑：黄 宇　　文字编辑：银 雪
版式设计：杨 婧　　责任校对：吴丽婷　　责任印制：王 宏
印刷：北京通州皇家印刷厂
版次：2023年10月第1版
印次：2023年10月北京第1次印刷
发行：新华书店北京发行所
开本：880mm × 1230mm　1/32
印张：6
字数：156千字
定价：48.00元
